図書館版
誰でもわかる古典の世界③

誰でもわかる
孫子の兵法

武馬久仁裕編著

黎明書房

孫子が仕えた呉王闔廬の墓，虎丘

（？～紀元前 496 年）　（中国浙江省蘇州）

剣池：呉王闔廬がこの下に葬られていると言われている。

試剣石：闔廬の命で作られた干将・莫耶という名剣の試し切りをした石とされる。

諸葛孔明の終焉の地，五丈原（陝西省宝鶏）

234 年に蜀の孔明が陣を敷いた五丈原から，魏の司馬懿（仲達）が川を背にして陣を敷いた渭水を望む。

五丈原にある諸葛亮（孔明）廟の入口

孔明が死んだ時に落ちたとされる隕石（落星石）

中国の城壁

殷代の都邑の城壁（河南省鄭州）

下の下の戦争は城を攻めることである。
（『孫子』「謀攻篇」）

＊城：城邑のこと。中国の町は，古代から城壁で囲まれている。

明代の城壁（陝西省西安）

北魏桟道（山西省）

今はダムがあり，
川に水はない。
北魏：386 ～ 534 年。

「隧を焼く。」
（『孫子』「火攻篇」）

穴に横木を差し込んで板や竹を敷き，道を作った。

春秋時代末期の中国

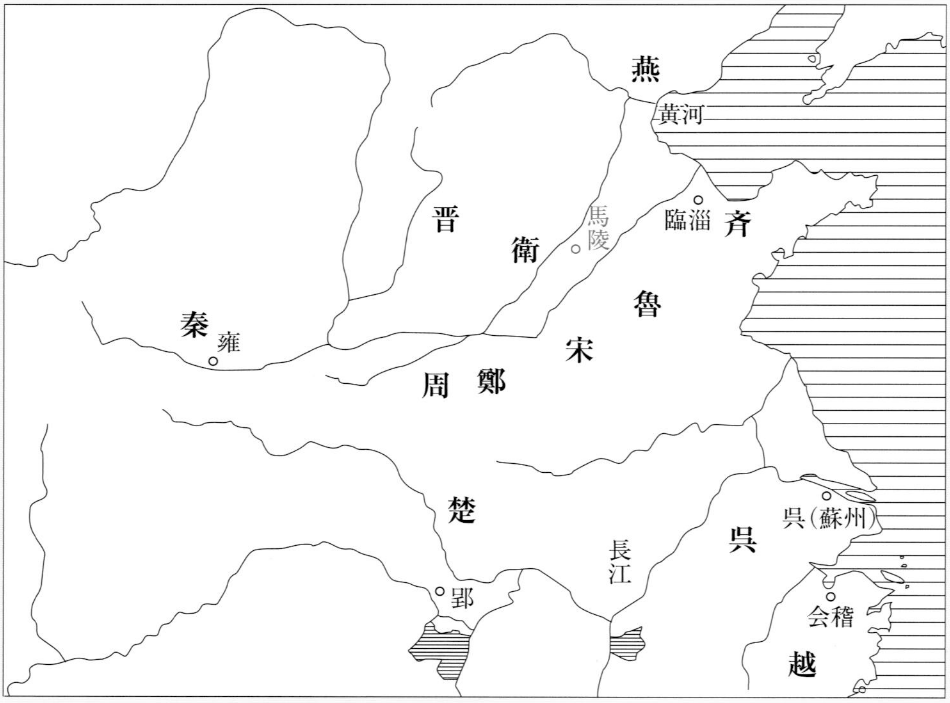

孫子関連年表

紀元前770年	周、犬戎に敗れ、洛邑に遷都。春秋時代始まる。
紀元前514年	闔廬、呉王となる。 ＊孫武（孫子）、闔廬の将軍となる。
紀元前496年	呉王闔廬、越王勾践によって敗死。
紀元前494年	呉王夫差、越王勾践を破る。
紀元前482年	呉王夫差、覇者となる。
紀元前479年	孔子、死ぬ。
紀元前473年	越王勾践、呉王夫差を破り、覇者となる。呉、滅ぶ。
紀元前403年	晋、韓・魏・趙に分裂し、戦国時代始まる。
紀元前356年～320年	斉の威王在位 ＊孫武の子孫、孫臏（彼も孫子と言われた）、威王に軍師として仕える。孫臏は、宿敵龐涓を倒した「減竈」戦術で名高い。（54ページ参照。）
紀元前221年	秦の始皇帝、天下を統一。

秦の始皇帝陵 兵馬俑

武装した秦の兵士（武器は朽ち果てた）

まえがき

『孫子』は，今から2500年ほど前の中国で活躍した兵法家，孫子の書いた兵法（へいほう）の本です。簡単に言えば，『孫子』は戦争の仕方の本です。しかし，孫子の考え方はとてもしなやかなのです。意表をついた発想に満ちています。ですから，人生の導きの書として，ビジネスの書としても多くの人に今なお愛読されています。

そして，『孫子』は，なによりも安易な戦争を戒める本です。

この本は，『孫子』の中からこれだけはと思う文を抜粋して，読者の方々が孫子のしなやかな，意表をついた，緻密な思考法と発想法をクイズを通して気軽に学んでいただけるようにしたものです。孫子のこの思考法と発想法を学ぶことこそ，最高の脳トレでしょう。

この本は，『孫子』の書き下し文，超訳，クイズの構成になっています。漢文を味わいたい方，それは面倒だという方は，それぞれお好みでこの本をご活用ください。また，『孫子』に関連する写真などをカラー口絵にしました。実地で『孫子』を体験していただけるよう，コラム「戦史で学ぶ孫子の兵法」も掲載しました。

なお，「解答編」にも，詳しい解説を載せました。あわせてご活用ください。

今回，「図書館版　誰でもわかる古典の世界」（全４巻）に入れるにあたって，書名を『孫子の兵法で脳トレーニング』から『誰でもわかる孫子の兵法』に改め，新たに「おさらい『孫子』クイズ」を加えました。

では，思う存分『孫子』をお楽しみください。

楽しめば楽しむほど，あなたの脳は冴えわたることでしょう！

2020年３月

武馬久仁裕

備考：この本の『孫子』の書き下し文は，公田連太郎訳・大場彌平講『孫子の兵法』中央公論社，1935年によりました。ただし，表記は新字・新かなにさせていただきました。また，一部，金谷治訳注『孫子』岩波文庫，2000年，浅野裕一著『孫子』講談社学術文庫，1997年を参考にし，銀雀山漢墓出土の竹簡本『孫子』によったところもございます。便宜的に『孫子』の文に番号を振らせていただいたところがあります。

目　次

孫子の兵法で脳トレーニング

1 計篇　① 戦争をする前に勝敗を知る

孫子曰わく，兵は国の大事にして，死生の地，存亡の道なり。察せざる可からざるなり。故に之を経るに五事を以てし，之を校るに七計を以てして，其の情を索む。

＊訳　孫子は言った。戦争とは国家の重大事であって，国民の生き死にを決める場であり，国家の存亡の岐れ路である。慎重に考えなくてはいけない。だから，戦争を始める前に，まず自国の力を５つの基本的な条件ではかり，次に敵国と自国の優劣を７つの基本的な条件で比較，計量し，敵国と自国の優劣の実情をはじきだすのである。

『孫子』の最初に来るのは，「計篇」です。敵国の実態を知り，自国の実態を知り，敵国と自国を比較して，戦争に関係するもろもろの条件を計算し，戦争する前に，勝敗を見抜くことの大切さを説く篇です。『孫子』の基本です。

1　五事　孫子は，まず自国の力をはかる基本的な条件を５つ（五事）挙げます。曰わく，**道・天・地・将・法**です。それらの実情をまずはかるのです。

Ａ，Ｂから正しい方を選んでください。

①　孫子の言う「道」とは一体なんでしょう。

Ａ　国民が為政者に心服し，為政者と心を一にする政の道。国民は為政者と死生を共にし，何の心配もしない。

Ｂ　国の産業を支える道路が完備されていること。

②　孫子の言う「天」とは一体なんでしょう。

Ａ　天は，この世界を支配する最高神で，その天を祀るべきだと言う。

Ｂ　日陰・日向，寒・暑，四季の移り変わりなど気候・天候のことで，それに逆らわない行動を取れば戦いには勝つことを言う。

③　孫子の言う「地」とは一体なんでしょう。

A　戦う際に重要となる地上の地勢，水勢を占う風水を言う。その達人が後の蜀（しょく）の軍師，諸葛孔明（しょかつこうめい）と言われている。

B　戦いの地の高い低い，広い狭い，戦いの地が遠いか近いか，険しいか緩やかかという個々のことと，軍の生死を決めるそれらを総合した地上の全体的状況を地と言う。

④　孫子の言う「将（しょう）」とは戦争を指導する将軍のことですが，将軍に必要な資質は何だと言っているのでしょう。

A　智謀と部下からの信頼，部下に恩恵をほどこす心，勇気，軍法上の厳しさ。

B　正義に基づく戦争をすることと戦争する際の礼儀。

⑤　孫子の言う「法（ほう）」とは一体なんでしょう。

A　村の仕組みから役人の組織，王の権限など国政全般に関する法令。

B　軍の編成上の法から官吏が軍を監督する上の法，王と取り交わした将軍が軍を指揮する上の法など，軍事全般に関する法令。

2 **七　計**　孫子は，そのあと，次のような７つの基本的条件（七計（しちけい））で敵国と自国の力の比較，計量を行い，その優劣をはじきだしました。

①　**どちらの王が賢いか。**
②　**将軍はどちらが有能か。**
③　**天候・気候と地の利はどちらに有利か。**
④　**法令はどちらが行き渡っているか。**
⑤　**兵の数はどちらが多いか。**
⑥　**兵の練度はどちらがまさっているか。**
⑦　**賞罰はどちらがきちっとなされているか。**

⑥　上の①～⑦を比較，計量した時点で，孫子はどう結論付けたでしょう。A，Bから正しい方を選んでください。

A　私は，敵国と自国の力を比較，計量した戦う前のこの時点で，戦いの勝ち負けが，分かるのである。

B　私は，敵国と自国の力を比較，計量した戦う前のこの時点で，戦いの勝ち負けが，だいたい分かるのである。

1 計篇 ② 戦争とは，だまし合いである

兵(へい)**は詭道**(きどう)**なり**。（以下，全文は，解答頁〔58 ページ〕にあります）

*訳 戦争とは，人をあざむき，いつわるまっとうでない道である。

実際の戦争は，先の五事七計が複雑に絡んだ千変万化の世界です。その千変万化の状況の中でより確実に勝利を得るには，機を見て敵をだまし，わなにかけて勝を収めることになります。孫子は，極力，戦争に運の入り込む余地がないようにするのです。そのための戦い方が詭道です。

Ａ，Ｂのうち，孫子が詭道の例として言っている方を選んでください。

① 自軍の戦闘能力

A 敵には，本当はできなくても，できるようにみせかける。

B 敵には，本当はできても，できないようにみせかける。

② 自軍の作戦遂行能力

A 敵には，ある能力を持つ兵力を使えるようにみせかける。

B 敵には，ある能力を持つ兵力を使えないようにみせかける。

③ 敵と自軍との距離

A 敵には，近くにいても遠くにいるようにみせかけ，遠くにいても近くにいるようにみせかける。

B 敵には，近くにいても，遠くにいてもありのままにみせる。

④ 敵が利益を欲しがっている時

A 敵に財物があることを知られないようにする。

B 敵に小さな利益をちらつかせ，誘い出す。

⑤ 敵軍を油断させたい時

A 自軍の内部が，混乱しているように見せかける。

B 自軍の内部が，はしゃいでいるように見せかける。

⑥　敵の兵力が充実している時

A　いたずらに攻めることなく，防御を固める。

B　精鋭を選りすぐって突撃させる。

⑦　敵の兵力が強力な時

A　戦うことを避け，敵の変化を待つ。

B　敵を壊滅させるために一か八かの決戦に出る。

⑧　敵将が怒りっぽい時

A　敵将の心を音楽でなごませ，戦意をなえさせる。

B　敵将を怒らせて，冷静な判断力を奪う。

⑨　敵が心して陣を固めている時

A　敵に弱者としてへりくだって対し，相手を驕らせ，判断力を奪う。

B　敵に強者として尊大に臨み，相手を怖がらせ，うろたえさせる。

⑩　敵がのんびりしている時

A　敵を一挙に攻める。

B　敵を度々挑発して労れさせる。

⑪　敵の上下が仲の良い時

A　上下の仲が自然に悪くなるのを待つ。

B　スパイをやって，上下の仲たがいをさせる。

かくして，①から⑪の手立てを尽くして，「敵の備えの無い所を攻め，敵の思いもよらない所に出現し，勝利を収めるのである。これが，兵法家の勝ち方である」（**其の備無きを攻め，其の不意に出づ。此れ兵家の勝にして**）と孫子は言います。

しかし，変化の極まりない戦いの場でのことですので，「あらかじめこのように勝ちますと言うことは出来ない」（**先ず伝う可からざるなり。**）と，勝の秘訣を求める読者に，孫子は釘をさすのです。

2 作戦篇

① 戦争はとにかく速く勝つことである

孫子曰わく，凡そ兵を用うるの法，馳車千駟，革車千乗，帯甲十万，千里に糧を饋れば，則ち内外の費，賓客の用，膠漆の材，車甲の奉，日に千金を費して，然る後に十万の師挙がる。

＊**訳**　孫子は言った。軍隊を動かす原則は次のとおりである。一編成が戦車 1000 台，輜重車＊ 1000 台，甲冑を付けた兵士 10 万で，国を離れること千里の彼方に兵糧を送る場合を考えると，国内と遠征軍の費用，近隣諸侯の使いへの接待費，兵器修繕のためのにかわ・うるしの費用，戦車と甲冑修繕の費用など 1 日千金使って初めて 10 万の遠征軍を起こすことができるのである。　＊軍事物資を運ぶ車。

「計篇」で，自国と敵国の力を比較，計量してどちらが優れているか計算しました。「作戦篇」では実際に戦争をした場合に必要な費用とその成果との関係，要するに戦争から利益が出るか出ないかを追究します。A，B から正しい方を選んでください。

① 篇名の「作戦」とは，この場合どういう意味でしょう。

A 「作戦」とは，この場合，「戦を作す」の意味である。

B 「作戦」とは，今使われている「戦う際の計画」と同じである。

② 孫子は，上の囲みの文の後どのような戦争をすべきだと言っているでしょう。

A 戦争は，完全な勝利まで，粘り強く戦い続けることが大切だ。

B 戦争は，多少し損じても，速く勝利を収め，終結することが大切だ。

③ 孫子は，長期戦については，どんなことを言っているでしょう。

A 戦争が長引けば，兵士の士気はおとろえ，国の出せる費用は足らなくなる。そして，国力を消耗すると，隣国が攻めてくる恐れがある。

B 戦争は長引いた時こそ勝利のチャンスだ。兵士，国民の頑張りが，疲れた敵国を圧倒し，完全な勝利に導くからである。

2 作戦篇 ② 相手の戦力を自軍の戦力にする

智将(ちしょう)は務(つと)めて敵(てき)に食(しょく)す。敵(てき)の一鍾(いっしょう)を食(しょく)するは，吾(わ)が二十鍾(にじっしょう)に当(あた)り，𦮼秆一石(きかんいっせき)は，吾(わ)が二十石(にじっせき)に当(あた)る。

＊訳　知恵ある将軍は，可能なかぎり兵糧は敵地で現地調達に務めるものである。敵から奪った兵糧１鍾(約 50 リットル)は，本国から送る 20 鍾分に相当し，敵から奪った運搬用の牛馬のえさにする豆がら，わら１石（約 30 キログラム）は，本国から送る 20 石分に相当するのである。

孫子は，「遠征軍を養うには莫大な兵糧，兵器のための物資，運搬用の牛馬が必要になり，戦争が長引けば国民も国家もどんどん消耗する」と説きます。そこで，**「智将(ちしょう)は務(つと)めて敵(てき)に食(しょく)す。」**となるのです。

Ａ，Ｂから正しい方を選んでください。

①　なぜ，敵から奪った兵糧１鍾（約 50 リットル）は，本国から送る 20 鍾分に相当するのでしょう。

Ａ　兵糧が，兵糧を運搬する人のための食糧になって，本国を出る時の 20 分の１になってしまうから。

Ｂ　本国から遠征軍に届けるまでに，雨風，難所，敵の攻撃などでしだいに兵糧が減って，最初の 20 分の１になってしまうから。

②　孫子は，**「智将(ちしょう)は務(つと)めて敵(てき)に食(しょく)す。」**の次にどんなことを言っているでしょう。

Ａ　勝って敵の物資や戦車を破壊し，兵士は殺さなければならない。

Ｂ　勝って敵の物資や戦車や兵を得，自軍に編入し，自軍をより強くしなければならない。

③　孫子の，ここでの結論はどんなことでしょう。

Ａ　戦争は勝つことが大事である。長期戦は決して良くない。

Ｂ　戦争は，とにかくたくさんの敵軍を殲滅することだ。

3 謀攻篇（ぼうこうへん）　① 戦わずして勝つ

百（ひゃく）たび戦（たたか）って百（ひゃく）たび勝（か）つは，善（ぜん）の善（ぜん）なる者（もの）に非（あら）ざるなり。戦（たたか）わずして人（ひと）の兵（へい）を屈（くっ）するは，善（ぜん）の善（ぜん）なる者（もの）なり。

＊**訳**　百回戦って百回勝つことは，最もすばらしいことではない。戦わずして，敵軍を屈服させることが，最もすばらしいことである。

孫子は，「作戦篇」で，戦争の費用対効果の実際を示しました。上の「謀攻篇」の書き出しの一節からも分かるように，ここ「謀攻篇」でもその精神が貫かれます。謀攻とは，実際に干戈（かんか）を交えず，城邑（じょうゆう）をも落としてしまう謀略による攻撃です。言い換えれば，綿密な思考と計画をもって，自国・自軍が消耗せずに勝つことです。

Ａ，Ｂから正しい方を選んでください。

① 孫子は，戦争において敵国を破壊しない（国を全くする）で屈服させるのを上策とします。その理由はなんでしょう。

Ａ　敵国を破壊すると，敵国から利益を引き出せないばかりか，その過程で多くの兵士を失い，兵士を疲労させるから。

Ｂ　敵国の人命，財産を尊重する精神から。

② どうして,百回戦って百回勝つことは,最もすばらしいことではないのでしょう。

Ａ　百回くらいではだめで，千回勝たなくては最もすばらしいとは言えない。

Ｂ　百回戦い百回勝利しても，そのためにおびただしい兵士や物資を消耗し，自国のためにならないから。

③ 孫子が言う敵国に勝つ最善の方法はどのようなことでしょう。

Ａ　敵国の謀略を前もってキャッチし，戦う前に謀略を打ち砕くこと。

Ｂ　敵国に先制攻撃をしかけること。

④ 孫子が言う敵国に勝つ次善の方法はどのようなことでしょう。

Ａ　諸国の前で，敵国と自国とどちらが正しいか議論する。

Ｂ　敵国とその同盟国を，謀略によって離間（仲たがい）させること。

3 謀攻篇　② 戦いの勝利を予知する五カ条

勝を知るに五つ有り。以て与に戦う可きと以て与に戦う可からざるとを知る者は勝つ。衆寡の用を識る者は勝つ。上下，欲を同じくする者は勝つ。虞を以て不虞を待つ者は勝つ。将能ありて君御せざる者は勝つ。

*訳　勝つかどうか予め知るための五カ条がある。①この場合は戦うべきで，この場合は戦うべきでないと判断できる方は勝つ。②兵力の多い場合の用兵の仕方，少ない場合の用兵の仕方を知っている方は勝つ。③戦勝へ向かって上下の意志が統一されている方は勝つ。④つねに警戒準備をし，警戒準備もしない相手が不用意に攻めてくるのを待つ方は勝つ。⑤優秀な将軍にまかせ，王が軍を指揮しない方は勝つ。

ここは，「謀攻篇」のまとめです。では，五カ条について，「謀攻篇」の記述に基づいて，考えてみましょう。A，Bから正しい方を選んでください。

① 五カ条の①の戦うべきか戦うべきでないかを判断するためには，どんなことをすればよいでしょう。

A　敵軍の実情は知らなくてもよいが，自軍の実情は必ず知ること。

B　敵軍の実情も知り，自軍の実情も知ること。

② ②に関連して，孫子は，兵力が敵の十倍ある場合はどうせよと言っているでしょう。

A　敵軍を包囲する。

B　敵軍を正面から撃破する。

③ ②に関連して，孫子は，兵力が敵軍より少ない場合はどうせよと言っているでしょう。

A　敵軍の勢力圏から逃げる。

B　身を捨てて敵軍に挑む。

④ ⑤に関連して，孫子は，軍事にうとい王が軍の指揮に介入すると，どうなると言っているでしょう。

A　軍の統率が乱れ，将軍が軍から追い出されてしまう。

B　軍の統率が乱れ，乱れに乗じた敵国にみすみす勝を与えてしまう。

4 形篇（けいへん）

① 勝利は敵が与えてくれる

孫子曰わく，昔の善く戦う者は，先ず勝つ可からざるを為して，以て敵の勝つ可きを待つ。勝つ可からざるは己に在り，勝つ可きは敵に在り。

＊訳 孫子は言った。昔の戦い上手は，まず敵軍に破られないよう自軍の守りの形を固め，勝てるとふむことができるくらい敵軍の守備の形が乱れるのを待った。敵軍が勝てない守りの形にするのは自軍であるが，自軍が勝てる守りの形になるのは敵軍自らがそうするのである。

形とは，軍の策戦，内情が外に目に見える形で現れたものです。だから，軍の形を見れば，敵軍の考えていること，敵軍の内情を見抜くことができるのです。不敗の守りを固めた上で，それらを見抜き，戦いの行方を判断するのです。「形篇」においても「謀攻篇」の思想が貫かれています。

Ａ，Ｂから正しい方を選んでください。

① 上の文のあと，孫子は「**昔の善く守る者は，九地の下に蔵れ，九天の上に動く。**」と言いますが，これはどういうことでしょう。

A 「昔の守り上手は，自軍の守りの形を地に潜ったかのように隠し敵軍に全くさとられないようにし，攻め上手は敵軍の形を天上から見るかのように動く」ということ。

B 「昔の守り上手は，塹壕を掘ってそこに潜み，遠くの山から敵を偵察する」ということ。

② 「**昔の善く守る者は，九地の下に蔵れ，九天の上に動く。**」の結果，どうなるのでしょう。

A 鉄壁の守りのため，敵軍は恐れて近づかない。

B 昔の守り上手は，守り通した上に，敵軍の守りの形の弱いところ（隙）を見抜き，素早く攻め完全な勝利を得ることになる。

4 形篇　② 勝てる戦いに勝つから，つねに勝つ

古の謂わゆる善く戦う者は，勝ち易きに勝つ者なり。故に善く戦う者の勝つや，智名も無く，勇功も無し。

＊訳　昔の戦い上手は，勝ちやすい戦いに勝つのである。だから，［　　　　　　　　　　　　　　　　　　　　　　　　　　　］。

敵軍の弱いところを見抜くことができれば，勝つことは簡単です。

Ａ，Ｂから正しい方を選んでください。

①　楽々と敵軍に勝った将軍や兵士は，王や国民からどうされるでしょう。上の「だから」のあとの囲みに入る言葉をＡ．Ｂから選んでください。

A　楽々と敵軍に勝った将軍や兵士は，その智謀や戦功を讃えられる

B　楽々と敵軍に勝った将軍や兵士は，その智謀や戦功を讃えられることはない

4 形篇　③ 勝利の方程式

兵法に，一に曰わく度，二に曰わく量，三に曰わく数，四に曰わく称，五に曰わく勝。…略…勝つ者の戦うこと，積水を千仞の谿に決するが如きは，形なり。

＊訳　戦いに勝ちを得るためには，次の五つの綿密な思考過程を経なければならない。①物差しで測る（度），②升で量る（量），③人数を算定する（数），④比べる（称）＊，⑤勝ちを推し量る（勝）。…略…［　　　　　　　　　　　　　　　　　　］。

＊称：はかりで量る。

戦いの法則化を図る孫子は，実際の戦いを前にして，勝利の方程式を述べます。A，Bから正しい方を選んでください。

① ①の「物差しで測る（度）」とは，どんなことでしょう。

A　戦場となる土地までの距離を測ること。

B　戟（げき）や戈（ほこ）や弩（ど）*などの重要な兵器の規格を統一するため寸法を測ること。

＊戟，戈：口絵参照。　弩：65 ページ参照。

② ②の「升で量る（量）」とは，どんなことでしょう。

A　戦場となる土地でどれだけ穀物がとれるか見積もること。

B　戦場となるところで戦うために必要な，兵糧などの物資の量を見積もること。

③ ③の「人数を算定する（数）」とは，どんなことでしょう。

A　かの地に住んでいる住民の数を数えること。

B　かの地で戦うに際して動員すべき兵士の数を見積もること。

④ ④の「比べる（称）」とは，どんなことでしょう。

A　自軍と敵軍の兵力の軽重を量り比べること。

B　かの地に住んでいる住民の数と自軍の兵の数を量り比べること。

⑤ ⑤の「勝を推し量る（勝）」とは，どんなことでしょう。

A　敵軍と自軍の兵力を比べ，この戦いの勝ち負けを判断すること。

B　敵軍と自軍の兵力を比べ，この戦いではこのようにして勝つという勝利の形をはじきだすこと。

⑥ ①から⑤までの思考過程を経て，必勝の形をつくり上げた将軍は，兵士をどのように戦わせるのでしょうか。「…略…」のあとの囲みに入る言葉をA，Bから選んでください。これは，「形篇」の結論です。

A　あたかもせき止めた水を一気に千仞（せんじん）の谷底に放つかのように，将軍は機を見て兵士を一気に戦場に投入する。それが戦いに勝つことを戦う前に計量，思考し，計画した軍の必勝の戦いの形というものである。

B　あたかもせき止めた水を一気に千仞の谷底に落とすかのように，敵軍をけちらすのが，戦い上手の将軍が率いる軍の戦いの形というものである。

5 勢篇（せいへん）

① 正攻法と奇法を使えば敗けることはない

孫子曰わく，凡そ衆を治むること寡を治むるが如きは，分数是れなり。衆を闘わすこと，寡を闘わすが如きは，形名，是れなり。三軍の衆，必ず敵を受けて敗るること無からしむ可き者は，奇正是れなり。兵の加わる所，碬を以て卵に投ずるが如き者は，虚実是れなり。

＊**訳**　孫子は言った。大軍を小部隊のように ア［　　　　］には，部隊編成をしなくてはならない。大軍を小部隊のように正確に戦わせるためには，旗（形：見えるもの）や鳴り物（名：聞こえるもの）といった イ［　　　　］が必要である。一国の大軍が敵軍に攻撃されても敗れないようにできるのは， ウ［　　　　　　　　］が適切に実行されるからである。自軍を投入すれば，まるで石で卵を割るように容易なのは，戦力が充実した自軍（実）が敵軍の弱点（虚）を撃つからである。

外に現れた軍の形から，敵軍の弱点を見抜くことを説いた「形篇」の次は，大軍をいかに動かし，いかに敵軍の弱点を突き敵を撃破するかという「勢篇」です。軍を動かす場合，「形」は静，「勢」は動の面です。

A，Bから正しい方を選んでください。

① 上のア［　］には，どんな言葉が入るでしょう。

A　目立たせないため

B　正確に指揮するため

② 上のイ［　］には，どんな言葉が入るでしょう。

A　信号

B　景気づけ

③ 上のウ［　］には，どんな言葉が入るでしょう。

A　とっぴょうしもない奇策と定石通りの正しい部隊の動かし方

B　機を見て部隊を動かす奇法と定石通りに部隊を動かす正攻法

5 勢篇 ② 正攻法と奇法はミックスして使う

凡そ戦は，正を以て合い，奇を以て勝つ。故に善く奇を出す者は，窮まり無きこと天地の如く，竭きざること江河の如し。…略… 戦勢は奇正に過ぎざれども，奇正の変は，勝げて窮む可からざるなり。奇正相生ずること，循環の端無きが如し。孰れか能く之を窮めん。

*訳 戦いは，①定石通りに部隊を動かし（正(攻)法），相対し，②臨機応変に部隊を動かすこと（奇法）で勝つ。だから，奇法をうまく使うものは，変幻自在に，尽きることなく奇法をくりだすのである。…略…戦いの勢いは奇法と正法という二つからなるだけであるが，その奇法と正法の織りなす戦いのあり方は無限である。奇は正となり，正は奇となり，奇正は転変し，どれが頭でどれが端か分からない無限の循環の中にあるのである。この必勝の奇正からなる戦いの極意をだれがよく窮めることができようか。

「勢」とは，奮いたって戦い，敵を破る軍の集団としての勢い（エネルギー）のことです。勢いをつくり出すには，上の①正法と②奇法の二つがあります。

では，問題です。A，Bから正しい方を選んでください。

① 正(攻)法と奇法の二つの部隊の動かし方はどのようにすればよいでしょう。

A 部隊を，正法を受け持っていたと思えば，奇法を受け持たせ，奇法を受け持っていたと思えば，正法を受け持たせる，というように変幻自在，臨機応変に使う。

B 敵正面を担う主力軍は主力軍（正）とし，伏兵は伏兵（奇）とするといったように，正と奇は部隊によってそれぞれ分業にする。

② **「凡そ戦は，正を以て合い，奇を以て勝つ。」**とありましたが，それは結局どういうことでしょう。

A 正面攻撃をかけてだめなら，伏兵で戦う。

B 止まることのない奇→正，正→奇となる部隊の運用によって敵軍にゆさぶりをかけ，弱点（虚）をつくる。そして，奇正一体となって攻め勝利を得る。

5 勢篇　③ 勢いは満を持して放つ

激水の疾き，石を漂わすに至る者は，勢なり。鷙鳥の疾き，毀折するに至る者は，節なり。是れの故に，善く戦う者は，其の勢険に，其の節短し。勢は弩を彍るが如く，節は機を発するが如し。

＊訳　激流の速い流れは，大きな石をも漂わせ押し流す。それが勢いと言うものである。猛禽が疾風のごとく獲物を撃てばその骨は壊れ折れる。それが力を発揮する節目というものである。だから，戦い上手は，自軍の勢いをぎりぎりに溜め，その勢いをほどよい時に瞬時に解放し衝撃を与える。勢いを溜めることは，あたかも ア［　　　　］を引き絞ることのようであり，短い節は，満を持して瞬時に イ［　　　　］を引くことのようである。

奇法と正法によってつくった自軍の勢いを，最も効果的に使う方法が述べられています。A，Bから正しい方を選んでください。

① 孫子は，自軍の勢いを最も効果的に使う方法を，あることに喩えています。上の訳文のアとイに入る言葉を，A，Bから選んでください。

A　ア 弩（おおゆみ）　イ 引き金　　B　ア 怒って弓　イ 機の杼

5 勢篇　④ 敵を思うように動かして勝つ

善く敵を動かす者は，之に形すれば，敵必ず之に従い，之に予うれば，敵必ず之を取る。以て之を動かし，卒を以て之を待つ。

＊訳　敵軍を思うように動かす戦い上手が，自軍を強く見せたり弱く見せたりすると，敵軍は必ずそれに対応して来るし，敵軍に小利をちらつかせると，敵軍は必ず食いついてくる。このようにして，敵軍を動かし，おびき寄せ，待ち構え，ふいに攻撃をするのである。

敵を思った所に動かす方法が書かれています。

A，Bから正しい方を選んでください。

① 孫子は，先に，同じようなことを言っていました。一体どこで言ったでしょう。

A 「計篇」の「② 戦争とは,だまし合いである」のところ。

B 「謀攻篇」の「② 戦いの勝利を予知する五カ条」のところ。

② 孫子は何のために「敵軍を動かし，おびき寄せ，待ち構える」のでしょう。

A それが敵に勝つ一番簡単な方法だから。

B 有利なところで，満を持して敵軍を待つことで，自軍の勢いを一気に発揮できるから。（54ページの「戦史で学ぶ孫子の兵法２」参照）

5 勢篇 ⑤ 最後は勢いで勝つ

（前より続く）**故**(ゆえ)**に善**(よ)**く戦**(たたか)**う者**(もの)**は，之**(これ)**を勢**(いきおい)**に求**(もと)**めて，之**(これ)**を人**(ひと)**に責**(せ)**めず。故**(ゆえ)**に能**(よ)**く人**(ひと)**を択**(えら)**びて勢**(いきおい)**に任**(にん)**ず。勢**(いきおい)**に任**(にん)**ずる者**(もの)**は，其**(そ)**の人**(ひと)**を戦**(たたか)**わしむるや，木石**(ぼくせき)**を転**(まろ)**ばすが如**(ごと)**し。**

＊訳 戦い上手は，戦いの勝利を勢いの力で得ようとし，兵士の器量で得ようとしない。だから，兵士も適材適所に配置し，勢いに乗らせて最高に力を発揮するよう仕向けるのである。勝利を勢いにまかせる戦い上手は，兵士を戦わせること，あたかも 木や石を転がすようである。

孫子は，戦いにおいて兵士の個々の武勇に頼りません。ばらつきのある兵士の力も，勢いに乗せてそれぞれが最大限に力を発揮できるように仕向けます。

A，Bから正しい方を選んでください。

① 「**之**(これ)**を勢**(いきおい)**に求**(もと)**めて**」の「**之**(これ)」とはなんでしょう。

A 戦いの勝利

B 兵士の器量

②　孫子はなぜ勢いで勝とうとしたのでしょう。

A　勢いさえ発揮できれば，多少の作戦の失敗や自軍の欠点など吹き飛んでしまうから。

B　兵士の全部が全部武勇に長けていないので，個々人の力を併せた以上の集団としてのエネルギーに勝を求めたから。

③　では，孫子は，現実にさまざまな形がある木石をどのように転がすのが理想だと言うのでしょう。

A　円い石を千仞の高さの急な険しい山の上に置いて，そこから一気に落とし，すごい勢いをもって転がしたような形。

B　傾斜したところに置いて，転がらない四角の木や石はそれでよく，転がる円い木や石だけを転がしたような形。

戦史で学ぶ孫子の兵法１　**木曽義仲，倶利伽羅峠（くりからとうげ）で平家を破る**

『平家物語』にある倶利伽羅峠の木曽義仲の戦い方は，まさしく奇正です。それも高度な。

義仲は，本式の戦いの前に平家と矢合わせを15騎，30騎，50騎，100騎と順にやって，夜を待ちました。そして，1万余騎の軍勢を平家の背後に回りこませ，前後合わせて4万余騎の軍勢に夜中に突然鬨（とき）の声を上げさせました。周囲を囲まれたと思った平家は，うろたえて統率を失い（実→虚）倶利伽羅谷の方へ逃げました。そして，倶利伽羅谷の谷底へと落ちて行き壊滅しました。

7万余騎の内，逃れることができたのはわずか2000余騎であったと『平家物語』にあります。

この場合，最初の矢合わせは戦い方としては正々堂々の正(攻)法です。源氏は正法でやってくると平家を安心させ，眠らせました。そして，夜中に鬨の声をあげさせ,包囲したかのように見せかけた(奇法)のです。虚になった平家は，谷底の方向に殺到し壊滅するのです。

しかも，正法と見えた最初の矢合わせも，実は奇法だったのです。

6 虚実篇（きょじつへん）

① 相手の弱点をつくり，そこを衝（つ）く

孫子曰（い）わく，凡（およ）そ先（ま）ず戦地（せんち）に処（お）りて敵（てき）を待（ま）つ者（もの）は佚（いっ）し，後（おく）れて戦地（せんち）に処（お）りて戦（たたかい）に趨（おもむ）く者（もの）は労（ろう）す。故（ゆえ）に善（よ）く戦（たたか）う者（もの）は，人（ひと）を致（いた）して，人（ひと）に致（いた）されず。

＊**訳** 孫子は言った。先に戦場にいて敵軍を待つ者は，力が余り，のんびりできる。しかし，遅れて戦場におもむいて戦う敵軍は，疲れている。だから，戦い上手は，敵軍をこちらにこさせ，敵軍のほうに行かされることはない。

「勢篇」では，奇法・正法を駆使して敵軍の「実」を「虚」にすべきことが説かれていました。「虚実篇」では，実際の戦いにおいて，実をもって虚を撃つ（虚を衝く）戦術を述べます。A，Bから正しい方を選んでください。

① 「虚」と「実」は，どういうことでしょう。

A　虚とは，空虚であり，落とし穴を掘ること。実とは，充実であり，その落とし穴に敵軍を落とし，満たすことである。

B　虚とは，空虚であり，その軍の配置の弱い点，隙。実とは，充実であり，その軍の配置のしっかりしている点である。

② では，上の囲みの中の孫子の言葉で「虚」に当たるものはなんでしょう。

A　遅れて戦場に着いた疲労した軍。

B　先に戦場に着いてのんびりしている軍。

③ **「人（ひと）を致（いた）して，人（ひと）に致（いた）されず。」**は，虚実の戦術を説明したものです。では簡単に言うとどういうことでしょう。上の訳を参考にして，アとイに当てはまる言葉を下の［　］から選んで入れてください。

戦いの主導権を ア______が取り，イ______を釣って ア______の有利なように動かすこと。即ち イ______が実から虚になるように動かすこと。

［ 将軍　兵士　敵軍　王　自軍 ］

6 虚実篇　② 守りどころ，攻めどころを知っていれば勝つ

千里を行けども労せざるは，人無きの地を行けばなり。攻むれば必ず取るは，其の守らざる所を攻むればなり。守れば必ず固きは，其の攻めざる所を守ればなり。

＊**訳**　千里を行軍しても疲れないのは，敵軍のいないところを行軍するからである。攻めれば必ず城邑を落とすのは，敵軍が守っていないところを攻めるからである。城邑を守れば鉄壁なのは，敵軍の攻めないところを守っているからである。

虚実の戦術を具体的に述べます。

A，Bから正しい方を選んでください。

① 上の「**千里を行けども労せざる**」のは，どうして可能なのでしょう。

A　敵の思ってもみない，守備兵のいないところを攻めて進むから。

B　目立たないように，その土地に合った擬装をして行軍するから。

② 上の「**攻むれば必ず取る**」のは，どうして可能なのでしょう。

A　重要でないところでも，そこを突破すれば敵は動揺するから。

B　敵が重要だと思っていない箇所は守備も手薄であるので，そこを攻めるから。実は，そこが城邑の防衛の重要なポイントなのだ。

③ 上の「**守れば必ず固き**」は，どうして可能なのでしょう。

A　敵が重要でないと思っている所にも守備兵がたくさんいるので，守備の兵力が十分すぎるほどいると敵が判断して，攻めてこないから。

B　敵が重要だと思っていないところもしっかり守るので，城邑は落ちない。実は，そこが城邑の防衛の重要なポイントなのだ。

6 虚実篇 ③ 相手の兵力を分散させ，各個撃破する

人(ひと)に形(かたち)して我(われ)は形(かたち)無(な)ければ，則(すなわ)ち我(われ)は専(もっぱ)らにして敵(てき)は分(わか)る。我(われ)は専(もっぱ)らにして一(いち)と為(な)り，敵(てき)は分(わか)れて十(じゅう)と為(な)る，是(こ)れ十(じゅう)を以(もっ)て一(いち)を攻(せ)むるなり。則(すなわ)ち我(われ)は衆(しゅう)にして敵(てき)は寡(か)なり。能(よ)く衆(しゅう)を以(もっ)て寡(か)を撃(う)つ者(もの)は，則(すなわ)ち吾(われ)の与(とも)に戦(たたか)う所(ところ)の者(もの)は約(やく)なり。

＊訳　敵軍には布陣をあらわにさせ，自軍は真の布陣を敵軍にさとられないようにする。そうすれば，敵軍はあらゆる攻撃法に対応するために全部隊を分散させ，警戒することになる。自軍は結集して一まとまりになり，敵軍は十に分かれる。この十分の一になった敵軍を，十倍になった自軍が攻めるのである。今や，自軍は多数であり，敵軍は少数なのだ。常に多数をもって少数を撃てるのは，一緒に戦う自軍が，結集するからである。

敵の兵力を分散させ，各個撃破することが説かれています。

Ａ，Ｂから正しい方を選んでください。

① 上の孫子の言葉は，要するにどういうことでしょう。

A　敵軍を小兵力のいくつかの部隊に分散させ，小兵力の部隊を，自軍が一体となって個々に攻撃し，殲滅する。

B　自軍を敵軍に小兵力だと思わせ，油断した敵軍を圧倒的兵力で攻め，殲滅する。

② 孫子はこのあと「**戦(たたかい)の地(ち)を知(し)り，戦(たたかい)の日(ひ)を知(し)れば，則(すなわ)ち千里(せんり)にして会戦(かいせん)す可(べ)し。**」と言っています。どういうことでしょう。

A　状況判断し，戦う場所，戦う日を予め知ることができれば，兵力を一まとめにして使うことができる。しかし，逆に状況を判断できない敵軍は，兵力を分散して自軍に備えなければならない。よって，千里の彼方でも遠征して会戦して勝利することができるのである。

B　いったん，敵国と戦う場所と日にちを相談の上決定し，約束を取り交わしたら，たとえ千里の彼方でも遠征して会戦すべきである。

6 虚実篇 ④ 相手の出方に合わせ変化する

夫れ兵の形は水に象る。水の形は，高きを避けて下きに趨き，兵の形は，実を避けて虚を撃つ。水は地に因りて流を制し，兵は敵に因りて勝を制す。故に兵には常の勢無く，水には常の形無し。能く敵に因りて変化して勝を取る者を，之を神と謂う。

＊訳　軍の形は　水のようである。水は，高いところを避けて低いところへ流れる。同じように，軍は，敵軍の兵力の充実しているところア（　　　）は避けて，弱い手薄なところイ（　　　）を攻撃するのである。だから水は地形によって流れを変え，軍は敵軍の形に対応することによって勝利を得るのである。軍には一定不変の勢いというものはなく，水には一定不変の形と言うものはない。敵軍の状態によって変化し勝利を得ることは，人知を超えた神の妙と言えよう。

以上は，虚実篇の極意です。

Ａ，Ｂから正しい方を選んでください。

①　上の文章のア（　）とイ（　）の中に当てはまる文字を，一つずつ入れてください。

②　なぜ，孫子は軍の形を水になぞらえたのでしょう。

Ａ　「兵力の充実しているところは避けて，空虚な手薄なところを攻撃する」という兵法上の原理が，水が地形によって形を自在に変えて流れて行くように自然なことだから。

Ｂ　水は，兵士を養うのに一番大事なものだから。

③　孫子は，敵の形に対応して千変万化し勝つことはたやすいと言っているでしょうか。

Ａ　たやすいことである。

Ｂ　たやすいことではない。

7 軍争篇

① 遠回りの道を真っ直ぐの道にする法

孫子曰わく，凡そ兵を用うるの法は，将，命を君に受け，軍を合わせ衆を聚め，和を交えて舍す。軍争よりも難きは莫し。軍争の難きは，迂を以て直と為し，患を以て利と為すなり。故に其の塗を迂にして，之を誘うに利を以てし，人に後れて発し，人に先だちて至るは，此れ迂直の計を知る者なり。

*訳 孫子は言った。軍を使うには原則として，まず将軍が王の命を受け，軍の編成を行い，輜重隊*を整え軍を進める。そして，敵軍と対陣してはじめて進軍を止める。その過程で，ア ［　　　　　　　　　　　　］軍争ほど難しいことはない。軍争の難しさは，遠回りの道を直線の道にし，自軍のハンディを有利さに転化することにある。だから，自軍が遠回りしているようにみせかけ，敵軍にちょっとしたエサをまきこちらへおびきよせ，戦うのである。これによって，敵軍より後に戦場に出発し，敵軍より先に戦場に到着するのである。これができるのが，迂直の計を知っている将軍なのだ。　　　*軍事物資を運ぶ部隊。

「軍争篇」では，敵軍より先に戦場に着くための方法，即ち謀について述べます。A，Bから正しい方を選んでください。

① 「軍争」とはどういうことでしょう。ア□に入る言葉を選んでください。
　A　戦場に早く着くことを競う
　B　軍の編成の優劣を競う
② 遠回りの道(迂回路)を直線路にし,移動時間を短くする戦術を何と言うでしょう。
　A　軍争の計
　B　迂直の計
③ なぜ，移動時間が短くなるのでしょう。
　A　兵たちを，迂回路を行くからといって，いつもの行軍速度より急がせるから。
　B　遠回りしているようにみせかけ，エサで釣って敵軍からこちらにわざわざ来るように仕向けるから。

④「**患を以て利と為すなり**」の「**患**（ハンディ）」とは具体的どういうことでしょう。

A　敵軍より自軍が遅く出発したというハンディ。

B　敵軍より病人が多いというハンディ。

7 軍争篇　② 軍の動き方は風林火山

兵は詐を以て立ち，利を以て動き，分合を以て変を為す者なり。故に其の疾きこと風の如く，其の徐なること林の如く，侵掠すること火の如く，動かざること山の如く，知り難きこと陰の如く，動くこと雷震の如し。郷を掠めて衆に分ち，地を廓むるには利を分ち，権を懸けて動く。先ず迂直の計を知る者は勝つ。これ軍争の法なり。

＊**訳**　戦争はだまし合いであり，軍を動かす場合は利益になる方へ動かし，軍を分けたり合わせたりして変化させ，自軍の策戦を知られないようにするのである。だから，軍が動く時は，風のように速く，林のように静かで，敵地を侵し奪うこと火のようであり，動かないことは，山のようであり，その動きは陰雲に隠されているようで，いったん動けば，雷が振動するかのようである。郷邑（村）を掠めて兵糧を兵に分かち，広い領地を獲得した時は，部下を分け要害の地を守らせるのである。動くには自軍と敵軍の勢力の虚実（弱さ強さ）の程度をはかりに懸けた上で動かなければならない。先んじて迂回路を直線路に変える謀を知った方が勝つのである。これが軍争の普遍的な決まりである。

A，Bから正しい方を選んでください。

① **「其の疾きこと風の如く，其の徐なること林の如く，侵掠すること火の如く，動かざること山の如く」**を旗印にした戦国大名は誰でしょう。

A　上杉謙信

B　武田信玄

② **「其の疾きこと風の如く，其の徐なること林の如く，侵掠すること火の如く，動かざること山の如く」**に，変幻自在に軍を動かすのは何のためでしょう。

A　自軍が何を意図しているか敵に知られないように動き，敵軍を右往左往させ，敵軍に虚（弱点，隙）を作りだし，そこを衝くため。

B　兵士を激しく動かしたり休ませたりして，身体がなまらないようにするため。

③ **「其の疾きこと風の如く，其の徐なること林の如く，侵掠すること火の如く，動かざること山の如く」**に通じる，先の「虚実篇」にある孫子の言葉はどんな言葉でしょう。

A　戦いの地を知り，戦いの日を知れば，則ち千里にして会戦す可し。

B　能く敵に因りて変化して勝を取る者を，之を神と謂う。

おまけの問題

①　孫子は，一日の内で戦いを仕掛けるとよい時間をアドバイスしています。A，B，Cから二つ選んでください。

A　朝

B　昼

C　暮

②　孫子は，攻めてはいけない場合を，「軍争篇」の最後ではいくつかあげています。A，B，Cから二つ選んでください。

A　丘を背に攻めてくる敵軍。

B　遠くから急いでやってきた敵軍。

C　いつわりの退却をする敵軍。

8 九変篇（きゅうへんへん） ① 必勝の九戦術

孫子曰わく，凡そ兵を用うるの法，将，命を君に受け，軍を合わせ衆を聚むる。①圮地には舎る無かれ。②衢地には交を合わせよ。③絶地には留まる無かれ。④囲地には則ち謀れ。⑤死地には則ち戦え。⑥塗には由らざる所有り。⑦軍には撃たざる所有り。⑧城*には攻めざる所有り。⑨地には争わざる所有り。君命をも受けざる所有り。　＊城壁に囲まれた町。中国の町は，城壁で囲まれている。

＊**訳**　孫子は言った。軍を使うには原則として，まず将軍が王の命を受け，軍の編成を行い，輜重隊を整え進軍する。その場合，①水で足場が悪く歩きにくくなっているところには宿営してはいけない。②四通八達の地では，近隣の諸侯と親交を深め味方にせよ。③［　　　　　　］には留まってはならない。④四方が険しく，その険しさが自軍を守ってくれないところでは，そこから奇謀をめぐらせて逃れよ。⑤［　　　　　　　　］では，死中に活を求め，必死に戦え。⑥道にも，通過してはいけない道がある。⑦敵軍にも，攻撃してはいけない敵軍がある。⑧城邑にも，攻めてはいけない城邑がある。⑨土地にも，奪い合ってはいけない土地がある。王の命でも，従わない場合がある。

九変とは，千変万化の戦況に対処する上の①～⑨の九つの戦術のことです。その戦術を取れば，自軍の利益となるというわけです。

Ａ，Ｂから正しい方を選んでください。

① ③の「絶地（ぜっち）」とは，どんなところでしょうか。

Ａ　人里離れたところ。

Ｂ　本国から遠く離れた敵地。

② ⑤の「死地（しち）」とは，どんなところでしょうか。

Ａ　進むことも退くこともできない危機的なところ。

Ｂ　過去に多くの人が戦死したところ。

③　⑥の「道にも，通過してはいけない道がある。」とは，どういう道でしょう。

Ａ　沿道に誰も住んでいない道。

Ｂ　圮地(ひち)や囲地(いち)など，途中に険しいところや危険なところがある道。

④　⑧の「城邑にも,攻めてはいけない城邑がある。」とは,どういう城邑でしょう。

Ａ　費用対効果から考えて，性急に落としても，戦略上意味のない城邑。

Ｂ　国王が住んでいる城邑。

8 九変篇　② 有利な点だけでなく害の面も考える

智者(ちしゃ)の慮(おもんぱかり)は，必(かなら)ず利害(りがい)を雑(まじ)う。利(り)に雑(まじ)えて，務(つとめ)，信(の)ぶ可(べ)きなり。害(がい)に雑(まじ)えて，患(うれい)，解(と)く可(べ)きなり。是(こ)の故(ゆえ)に，諸侯(しょこう)を屈(くっ)するには害(がい)を以(もっ)てし，諸侯(しょこう)を役(えき)するには業(ぎょう)を以(もっ)てし，諸侯(しょこう)を趨(はし)らしむるには利(り)を以(もっ)てす。

＊訳　知恵ある者は思慮する時，必ず利害得失を考える。利益にその害の面も併せて考えれば，その事業は，進展するのである。害にその利益の面も併せて考えれば，心配していたことも消えるのである。だから，これを応用し，近隣の諸侯のする自国に不利なことをやめさせるには，ア＿＿＿＿＿＿＿＿，諸侯を使って消耗させるには，イ＿＿＿＿＿＿＿＿，諸侯を一層あくせくさせるには，ウ＿＿＿＿＿＿＿＿のである。

先に自軍の利益の観点で，九変について述べましたが，利（利益）だけに目が曇り，害（不利益）を忘れると，思わぬ失敗をするものです。

ここでは，利害両面でものごとを見ることを言います。

A，Bから正しい方を選んでください。

①　近隣の諸侯が自国に不利なことをしようとした時，それをやめさせるにはどうしたらよいでしょうか。ア□に当てはまる言葉を選んでください。

Ａ　ことさらそのことの害の面ばかりを言い立て

B　すぐに軍を派遣して，牽制し

②　近隣の諸侯を消耗させ，力を蓄えないようにするにはどうしたらよいでしょうか。イ□に当てはまる言葉を選んでください。

A　一見意味がありそうで，実は利益にも害にもならない事業に乗り出させ

B　すぐに大事業である遠方での戦争を始めさせ

③　近隣の諸侯を，意のままに一層あくせくさせるにはどうしたらよいでしょうか。ウ□に当てはまる言葉を選んでください。

A　遠くの諸侯に隣国は攻めやすいとけしかけ，隣国を攻めさせる

B　利益になることばかり言い立てて，特定の事業を進んでするようあおる

④　近隣の諸侯をなぜ①～③のようにさせるのでしょうか。

A　戦うことなく，近隣の諸侯が，自国に軍を向けることがないようにするため。

B　近隣の諸侯と友好関係を保つため。

物事には利と害の両面がある

8 九変篇 ③ 上に立つ者は単純な性格であってはならない

将に五危有り。必死は殺す可きなり。必生は虜にす可きなり，忿速なるは侮る可きなり，廉潔なるは辱む可きなり。民を愛するは煩わす可きなり。凡そ此の五つの者は，将の過なり。兵を用うるの災なり。軍を覆し将を殺すこと，必ず五危を以てす。察せざる可からざるなり。

＊**訳** 将軍には五つの危険なことがある。①初めから死ぬつもりで戦う将軍は，ア［　　　　　］ので，敵にとっては殺しやすい。②初めから必ず生き残るつもりで戦う将軍は，イ［　　　　　］ので，捕虜にしやすい。③怒りやすく短慮な将軍は侮るとみさかいがなくなり倒しやすい。④清廉潔白な将軍は，名誉を汚すと動転するので倒しやすい。⑤兵士を慈しみすぎる将軍は，ウ［　　　　　］ので，疲労させやすい。以上の五つは将軍の性格のかたよりから来る過ちであり，軍を動かす際には敗北が待っている。軍を壊滅させ将軍を戦死させるのは，必ずこの五危の将軍である。慎重に考えなくてはいけない。

上で言っていることを逆に考えれば，相手の将軍の性格に応じた戦い方をすれば，勝利できるということです。

A，Bから正しい方を選んでください。

① 上のア［　］には，どんな言葉が入るでしょう。

A 目立つ

B 思慮に欠ける

② 上のイ［　］には，どんな言葉が入るでしょう。

A 勇気に欠ける

B すぐくたびれる

③ 上のウ［　］には，どんな言葉が入るでしょう。

A 敵から攻められれば兵士を助けようとして奔走する

B 誰に恩賞を与えようかと，夜も寝ないで思い悩んでいる

9 行軍篇

① つねに有利な状況で戦え

孫子曰わく，凡そ軍を処き敵を相ること，山を絶りて谷に依れ。生を視て高きに処れ。隆きに戦うには登る無かれ。此れ山に処るの軍なり。水を絶れば必ず水に遠ざかれ。客，水を絶りて来らば，之を水内に迎うる勿かれ。半ば済らしめて之を撃てば，利あり。戦わんと欲する者は，水に付きて客を迎うる無かれ。生を視て高きに処れ。水流に迎うる無かれ。此れ水上に処るの軍なり。

＊訳　孫子は言った。行軍する軍が陣を置き，敵情を観察する際の原則は次の通りである。山を越えてきたら，谷川にそって軍を移動し，日当たりのよい土地を前にして高い所に陣を置け。高い所で戦う際には，上からやってくる敵軍と山を登ってまでして戦うな。以上が，山地戦の原則である。川を渡ったなら必ず川から遠ざかれ。敵軍が川を渡ってきたなら，川を渡っている内に攻撃するな。敵軍の半分ぐらいが渡りきった時にこれを攻撃するなら，勝利できる。戦う場合，水際で敵を迎え撃つな。水のほとりの軍も，日当たりのよい土地を前にして高いところに陣を置け。上流から下ってくる敵を，下流で迎え撃ってはならない。以上が，川のほとりでの戦いの原則である。

「行軍篇」で述べているのは，行軍する際に遭遇する様々な地形での戦い方と，遭遇する敵軍の内部状況を敵の外見から判断する方法です。

上の文では，山と川での戦いについて述べています。

A，B，Cから二つ正しいものを選んでください。

① なぜ，山を越えてきたら，谷川にそって軍を移動させるのでしょう。

A　峻険な山を一方に置き，水や兵糧，牛馬のえさとなる草を得るのにも便利であるから。

B　景色がよいので，兵士の心が癒やされるから。

C　谷沿いの道は，重要な軍事的価値があるので，そこを押さえる意味があるから。

② なぜ，敵軍の半分ぐらいが渡りきった時に攻撃するのでしょう。

A 敵軍の勢力が川で分断されているから。

B 敵軍の隊列がまだ整っていないから。

C 適当なところで攻撃しないと，川が増水し，流れにまきこまれる恐れがあるから。

③ なぜ，敵軍を水際で迎え撃ってはいけないのでしょう。

A 自軍の中に水を怖がる兵士がいるかもしれないから。

B 水際は，ぬかるんでいて兵士が素早く展開しにくいから。

C 水際で待ち構えていると，敵軍が怪しんで途中から引き返すから。

④ 日当たりのよい高いところになぜ陣を張るのでしょう。

A 衛生的で，兵士の健康によいから。

B 敵軍をよく見降ろすことができるから。

C 敵軍が来ても素早く退却できるから。

⑤ なぜ，上流から来る敵軍を下流で迎え撃ってはならないのでしょう。

A せき止めた水を，一気に流したり，毒を流すかもしれないから。

B 下流は，雨や雪が多いから。

C 舟で一気に攻めてくるかもしれないから。

9 行軍篇 ② つねに有利に戦える場所を選べ

（前より続く）**斥沢を絶れば，惟だ亟かに去りて，留まる無かれ。若し軍を斥沢の中に交えば，必ず水草に依りて衆樹を背にせよ。此れ斥沢に処るの軍なり。平陸には，易に処り，而して高きを右にし背にし，死を前にし生を後にせよ。此れ平陸に処るの軍なり。凡そ此の四軍の利は，黄帝の四帝に勝ちし所以なり。**

＊**訳**　沼沢地を越えたら，すぐここから遠ざかり，決してぐずぐずしていてはいけない。もし，沼沢地で戦うことになったら，必ず森林を背にし，水と草のあるところに陣を置かなくてはならない。以上が，沼沢地での戦いの原則である。平地では，平らで足場のよいところに陣を置け。そして，比較的高いところを右後ろにして陣を置き，草木の生えていない低いところを前にし，草木の生えている高いところを後ろにせよ。以上が，平地での戦いの原則である。以上の四つの地形での勝利の原則こそ，黄帝が，青帝・赤帝・白帝・黒帝に勝利した理由である。

①の文に続いて，ここでは，沼沢地と平地での戦いについて述べています。A，B，Cから二つ正しいものを選んでください。

① なぜ，沼沢地で戦う時には，森林を背にし，水と草のある所に陣を置くのでしょう。

A　水と草を越えてまで敵は攻めてこないし，森林は冷たい風を防いでくれるから。

B　森林を背にするのは，森林が自軍の背後の楯になり，兵の数を分かりにくくするから。

C　この場合，水とは飲み水を指し，草とは牛馬のえさを指す。陣を置くには，その二つがまず必要となるから。

② なぜ，平地では高地を右後ろにして，陣を置くのでしょう。

A　平地であっても少しでも高地による方が有利だから。

B　敵に向かって弓を射るのに好都合であり，戦車の操縦は右から左へ旋回させる方がしやすいから。

C　孫子が右を強調するのは，単に孫子が右側が好きだったから。

9 行軍篇　③ 雁行の乱れるのは伏兵がいる証拠

衆樹動くは，来るなり。衆草多く障うるは，疑わするなり。鳥起るは，伏なり。獣駭くは，覆なり。塵高くして鋭きは，車来るなり。卑くして広きは，徒来るなり。

＊**訳** 多くの樹木が動くのは，ア□がやって来るのだ。多くの草を結んで覆ってあるのは，イ□を偽装しているのだ。水平に飛んでいた鳥が突然高く舞い上がるのはイ□がいるのだ。林の中の獣たちが驚いて走り出すのは，包囲しようとする軍が横の林から攻めてくるからだ。塵が高く上がりその形が尖っているのは，ウ□がやってくるのだ。塵が低く広い場合は，エ□がやって来るのだ。

眼前の現象を見て，伏兵や奇襲，攻撃法などの兆候を見抜く方法を述べています。Ａ，Ｂから正しい方を選んでください。

① ア□に入る言葉はなんでしょう。

Ａ　敵軍　　Ｂ　援軍

② イ□に入る言葉はなんでしょう。

Ａ　伏兵　　Ｂ　虎や狼

③ 飛んでいく雁の列（雁行）が乱れたのを見て，伏兵が潜んでいるのを見抜いた武将はだれでしょう。

Ａ　平清盛　　Ｂ　源義家

④ ウ□に入る言葉はなんでしょう。

Ａ　弩（大弓）隊　　Ｂ　戦車隊

⑤ エ□に入る言葉はなんでしょう。

Ａ　歩兵　　Ｂ　騎兵

9 行軍篇 ④ 敵の真意を見抜く

> 辞卑くして備を益すは，進むなり。辞強くして進み駆るは，退くなり。軽車
> 先ず出でて其の側に居るは，陳するなり。約無くして和を請うは，謀あるなり。
>
> *訳 敵軍の使者の言葉がへりくだっていて，戦闘準備をしている時は，ア□
> □だ。逆に言葉がおうへいで，今にも攻めてくるような時は，イ□□だ。
> 戦車を軍の両側に置いている場合は，戦闘のための陣を張っている時だ。困っ
> ているわけでもないのに急に和議を請いに来た時は，ウ□□だ。

ここは，敵軍の表面上のことから，敵軍の思惑を見抜く方法です。

A，Bから正しい方を選んでください。

① ア□に入る言葉はなんでしょう。
A 攻めてくる時
B 退却する時

② イ□に入る言葉はなんでしょう。
A 攻めてくる時
B 退却する時

③ ウ□に入る言葉はなんでしょう。
A なんらかの謀略がある時
B 自軍によい提案がある時

10 地形篇

① マスターすべき六つの地形の戦い方

孫子曰わく，地形には①通ずる者有り。②挂る者有り，③支うる者有り，④隘き者有り，⑤険しき者有り，⑥遠き者有り。

*訳 孫子は言った。地形には，基本的に次の六つがある。①敵味方がともに往来容易な地形，②進みやすく引き返すのが難しい地形，③敵味方がともに手を出しにくい地形，④入口が狭い地形，⑤非常に険しい地形，⑥敵味方の陣地が遠く離れている地形，である。

実際の戦いにおいては，その地の地形を詳しく知らなければなりません。ましてや，知らない敵地においてはなおさらです。「地形篇」では，地形に応じた戦い方について述べます。

Ａ，Ｂから正しい方を選んでください。

① ①の敵味方がともに往来容易な地形では，どのように戦えばよいでしょう。

A 急いであたり一帯を占領する。

B 日当たりのよい高いところをおさえ，兵糧を運ぶ道を確保する。

② ②の進みやすく引き返すのが難しい地形では，どのように戦えばよいでしょう。

A 敵が守りを固めていなければ，進出し，敵が守りを固めていたら進出しない。

B 進みやすい地形では，敵がいようがいまいが，ひたすら前進する。

③ ③の敵味方がともに手を出しにくい地形では，どのように戦えばよいでしょう。

A わざと後退して，敵軍が先に手を出してくるまで待つ。そして，敵軍が半分くらい進出してきたら攻撃する。

B 油断している相手の意表をついて，無理をしても攻めかかる。

④ ④の入口が狭い地形では，どのように戦えばよいでしょう。

A　狭い入口は危険で，罠がしかけられているかもしれないので，後退する。

B　敵軍より先にその入口を押さえ，敵軍の進出してくるのを待つ。もし，敵軍が十分な兵力で先に押さえていたら中に入ろうとして攻撃しない。もし，敵軍の兵力が十分でなかったら，中へ進出する。

⑤　⑤の非常に険しい地形では，どのように戦えばよいでしょう。

A　先にここにきたら，日当たりのよい高いところに陣取り，敵軍を待つ。もし先に敵軍が日当たりのよい高いところにいたら，軍を引いてそこから去る。

B　険しい地形では，つねに山岳専門の部隊を使って戦う。

⑥　⑥の敵味方の陣地が遠く離れている地形では，どのように戦えばよいでしょう。

A　じわじわと夜のうちに敵の陣地に近づいていく。

B　互いの陣地が遠く離れ，互いの兵力が等しい時は，こちらからわざわざ戦いを挑まない。

以上，六つの典型的な地形での戦い方を述べたあと，孫子は，言います。

凡そ此の六つの者は，地の道なり，将の至任なり。察せざる可からざるなり。

*訳　以上の六つのことは，地形に関する原理原則である。これを修得することは将軍の至高の任務である。このことは，はっきりと見抜いていなければならない。

10 地形篇 ② 地形の利害を知らなくては勝てない

1 夫れ地形は，兵の助なり。敵を料りて勝を制し，険阨遠近を計るは，上将の道なり。<u>此れ</u>を知りて戦を用うる者は必ず勝ち，此れを知らずして戦を用うる者は必ず敗る。

2 故に戦の道，必ず勝つべくば，主，戦う無かれと曰うとも，必ず戦うて可なり。戦の道，勝つまじくば，主，必ず戦えと曰うとも，戦う無くして可なり。故に進みては名を求めず，退きては罪を避けず，惟だ民を是れ保んじて，主に利あるは，国の宝なり。

＊訳 1 地形は，軍を動かし戦う際の助けとなるものである。敵軍の情況をはかりつつ勝つための戦略を練り，戦いの場の地形の険しさ，狭さ，遠さ，近さの利害を計算するのは，総大将の行うべき大切なことである。このことが分かって戦う者は必ず勝ち，このことが分かっていないと必ず敗れるのである。

2 だから，戦理（戦争の法則）からいって敵の情況や地形から必ず勝つと判断したのなら，ア＿＿＿＿。戦理からいって勝てないとなると王が必ず戦えと言っても，戦わなくてもよい。だから，戦うと自分で決めた将軍は，イ＿＿＿＿，ウ＿＿＿＿。国民の生命を保証し，王に利益をもたらす将軍は，まさにエ＿＿＿＿である。

1 地形は，勝利のための基本的条件ではなく，あくまでも助けです。しかし，地形の利害が分からなければ，敵軍の情況を推し量り勝てるかどうか計算するだけでは勝てないのです。

A，Bから正しい方を選んでください。

① 上の書き下し文の下線のある「此れ」とは，一体何でしょう。

A 地形。

B 「敵を料りて勝を制する」ことと，「険阨遠近を計る」こと。

② **「険阨遠近を計る」**とは，何を意味しているのでしょう。

A 「戦いの場としての地形の険しさ狭さ，遠さ近さ」だけでなく，38ページの

「①　マスターすべき六つの地形の戦い方」で紹介した「六つの地形全般の利害」を計算することを指す。

B　文字通り「戦いの場の地形の険しさ狭さ,遠さ近さの利害」を計算すること。

2　兵家（へいか）（兵法家,戦争の専門家）である将軍の厳しい職業倫理が説かれています。A，Bから正しい方を選んでください。

③　戦理によって勝てると判断した将軍は，どうするでしょう。ア□に入る言葉を選んでください。

A　王が決して戦うなと言ったら，当然戦いを断念する

B　王がいくら戦うなと言っても，当然戦ってよい

④　王の命に反して戦うと自分で判断した将軍は，どうするでしょう。イ□に入る言葉を選んでください。

A　勝っても名利を求めず

B　勝ったら莫大な恩賞を求め

⑤　王の命に反して退却すると自分で判断した将軍は，どうするでしょう。ウ□に入る言葉を選んでください。

A　退却してもその罪をまぬがれようとしない

B　退却し負け戦から国を救ったのだから恩賞を求める

⑥　では，立派な将軍とは，なんでしょう。エ□に入る言葉を選んでください。

A　国の宝

B　国の脅威

10 地形篇 ③ 部下はわが子のように慈しむ

卒を視ること嬰児の如し，故に之と与に深渓に赴く可し。卒を視ること愛子の如し，故に之と倶に死す可し。厚くすれども使う能わず，愛すれども令する能わず，乱るれども治むる能わざるは，譬えば驕子の如し，用う可からず。

＊訳 将軍は自分の赤ん坊のように兵士を慈しむ。だから，兵士も将軍と一緒に深い谷に行くこともできるのだ。また，兵士を自分の子のように慈しむ。だから，兵士も将軍と一緒に死んでくれるのだ。しかし，厚遇しても使えず，慈しんでも命令を実行せず，いいかげんにしていてもきちっとさせられないのは，ちょうどわがまま息子のようだ。ア［　　　　　　］。

孫子は，「行軍篇」もそうですが，ここ「地形篇」においても，兵士の掌握の必要性を口を酸っぱくして語ります。行軍だ，地形だといっても，結局は，兵士の心をつかむことが大事なのです。孫子は，そのために，将軍と兵士の関係を父と子の関係になぞらえるのです。

A，Bから正しい方を選んでください。

① 「深渓（深い谷）」とは，何のことでしょう。

A 危険なところ。

B 避難するところ。

② 上のア［　］には，どんな言葉が入るでしょう。

A これ以上，慈んではいけない

B 戦争には使いものにならない

③ 結局，孫子は兵士を心から従わせるにはどうしたらよいと言うのでしょう。

A 徹底的にわが子のように慈しみ，恩恵をほどこす。

B わが子のように慈しみ，恩恵をほどこし，軍法を厳しく守らせる。

11 九地篇

① 地勢に応じて戦い方を変える

孫子曰わく，兵を用うるの法は，①散地有り，②軽地有り，③争地有り，④交地有り，⑤衢地有り，⑥重地有り，⑦圮地有り，⑧囲地有り，⑨死地有り。

＊訳 孫子は言った。兵力を用いる際の原則には次の九つがある。①散地，②軽地，③争地，④交地，⑤衢地，⑥重地，⑦圮地，⑧囲地，⑨死地での用兵の原則である。

「九地篇」では，兵力を九つの地勢に応じて動かし使う方法を，「九変篇」，「地形篇」より，より具体的に語ります。地勢とは，単なる自然の地形ではなく，その地で戦うことを念頭に置いて見た地形のことです。地の形が戦いの勢いに影響を及ぼすのです。

Ａ，Ｂから正しい方を選んでください。

① 「散地」とは，自国の領土内のことですが，ここでの戦いはどうすればよいでしょう。

Ａ　地元だから安心して戦うべきである。

Ｂ　兵士が故郷のことを思って心穏やかでないから戦ってはいけない。

② 「軽地」とは，あまり深く入っていない敵地ですが，ここでの戦いはどうすればよいでしょう。

Ａ　まだ兵士の故郷に近いから，ここに止まってはいけない。

Ｂ　自国に近く補給も安心だからよく戦うべきである。

③ 「争地」とは，押さえれば有利になる，互いが欲しがる地点ですが，ここでの戦いはどうすればよいでしょう。

Ａ　敵より先に占領すべきであり，もし敵が先に占領していたら攻めてはいけない。あきらめよ。

Ｂ　何がなんでも占領すべきである。

④ 「交地」とは，障害となるものがない自軍と敵軍が容易に進出できる地ですが，ここでの戦いはどうすればよいでしょう。

A　陣地を強固にして敵軍に備える。

B　軍の隊列を途切れさせず，密につながっていなければならない。

⑤ 「衢地（くち）」とは，そこを押さえれば天下に号令できる道路の四通八達したところですが，ここでの戦いはどうすればよいでしょう。

A　諸侯がやってきて邪魔をしないように警戒する。

B　諸侯に使いを送り交わりを結び，援助を得る。

⑥ 「重地」とは，多くの城邑を越え，敵地深く入った地点ですが，ここでの戦いはどうすればよいでしょう。

A　敵の城邑は面前を掠（かす）めるだけにし，決して一か所にこだわってはいけない。

B　自国から遠く離れ兵糧が乏しくなってくるので，兵糧を掠奪する。

⑦ 「圮地（ひち）」とは，行軍するのに自然の障害の多いところですが，ここでの戦いはどうすればよいでしょう。

A　すみやかに通り過ぎるべし。

B　慎重にやすみやすみゆっくり進む。

⑧ 「囲地」とは，侵入口は狭くそこを敵軍が固め，引き返すには道は曲がりくねっているところですが，ここでの戦いはどうすればよいでしょう。

A　尋常の方法では脱出できないから，敵軍に備えつつ奇謀を用い脱出する。

B　侵入口を固める敵軍が撤退するまでここに止まる。

⑨ 「死地」とは,絶体絶命のところですが,ここでの戦いはどうすればよいでしょう。

A　「万事休す」と，あきらめ，自害する。

B　とにかく力を合わせて死にもの狂いに戦い，死中に活を求める。

11 九地篇　② 人を動かすには死地に置く

善く兵を用うる者は，譬えば率然の如し。率然とは常山の蛇なり。其の頭を撃てば則ち尾至り，其の尾を撃てば則ち首至り，其の中を撃てば則ち首尾倶に至る。敢て問う，兵は率然の如くならしむ可きか。曰わく，可なり。夫れ呉人と越人とは相悪むなり。其の舟を同じくして済りて風に遇うに当りては，其の相救うや，左右の手の如し。

＊**訳**　上手に軍を動かす将軍は，たとえば率然のようなものである。率然とは常山に住む蛇である。その頭を撃てば，尾が即座に反撃し，尾を撃てば，頭が即座に反撃し，中間を撃てば，頭と尾が即座に反撃するのである。「（王）あえて問う。はたして率然のような軍にできるのか。」孫子は答える。「もちろんできます。」呉人と越人はとても仲が悪い。しかし，一緒に乗っていた舟が嵐に遭って沈みそうになったら，お互い助け合って沈まないようにする様子は，あたかも一人の左右の手のように緊密である。

「軍に完全な協力体制を取らせることができるのか」と王は問います。「できます」と孫子は答えます。A，Bから正しい方を選んでください。

①　上の下線の部分の話からできた有名な故事成語を答えてください。

A　呉越同舟（ごえつどうしゅう）

B　呉越遭風（ごえつそうふう）

②　たとえに使った上の下線の部分の話で，孫子はいったい何を言いたかったのでしょう。

A　仲の悪いもの同士でも，共通の困難を前にすれば力をあわせることができる。だから，人間憎み合わないで仲良く平和に暮らすこともできるはずである。

B　重地・死地（44 ページ参照）に置かれたなら，ひごろあまりチームワークのよくない兵士たちもやむをえず一丸となって奮戦する。だから，優秀な将軍はそのような地勢に兵士たちを意図的に置き，自ら進んで頑張る力をむりやり引き出し，その力を結集するのである。

11 九地篇 ③ はじめは処女のように，後は脱兎のように

始は処女の如く，敵人，戸を開く，後はア［　　］の如く，敵，拒ぐに及ばず。

＊**訳** 開戦当初は，おとなしげな乙女のそぶりで敵を油断させ，敵軍が備えを怠っているとみるや，後はア［　　　　　　　　］のように疾駆して，一気に敵の虚を衝くのである。敵は，防ぐにしても最早手遅れである。

「九地篇」の最後の言葉です。宣戦布告した後の戦い方を述べています。

A，Bから正しい方を選んでください。

① 上のア［　］に入る言葉はなんでしょう。（ ）は訳。

A 猛虎（たけだけしいトラ）

B 脱兎（逃げ出したウサギ）

② 孫子は，宣戦布告後，「**敵を一向に并せて，千里，将を殺す。**」ことこそ，巧妙な戦争の仕方だと言っています。では，これはどういうことでしょうか。

A 宣戦布告後，隙を見て敵国に侵入し，計画通り遠く離れた敵軍の主力をおびきだし，その動きに合わせ行動し，一定の日時，一定の場所で会戦し一気に殲滅すること。もちろん，敵将は討ち取られます。

B 宣戦布告後，隙を見て敵国に刺客を侵入させ，計画通り遠く離れた敵の将軍を暗殺すること。

12 火攻篇（かこうへん）

① 火攻めの五つの方法

> **孫子曰わく，凡そ火攻に五つ有り。一に曰わく人を火く。二に曰わく積を火く，三に曰わく輜を火く。四に曰わく庫を火く，五に曰わく隊*を火く。**
>
> ＊**訳**　孫子は言った。火攻めには，次の五種類がある。①人を焼く，②積を焼く，③輜を焼く，④庫を焼く，⑤隧を焼く，である。　＊隊は，墜（隧）。

「火攻篇」では，火攻めの五つの方法について述べます。と同時に，戦争の重大さと開戦においては慎重であることを強く求めます。これは，冒頭の「計篇」と対応するもので，『孫子』の締めくくりにふさわしい内容ですが，現行の『孫子』は，最後から一つ前の第 12 篇になっています。

事実，1972 年に山東省臨沂県の銀雀山漢墓（紀元前 2 世紀）から出土した竹簡本『孫子』では，最後の第 13 篇になっています。この竹簡本『孫子』は現行本より千年以上も古いテキストです。

Ａ，Ｂから正しい方を選んでください。

①　「人を焼く」とは，なんのことでしょう。

A　悪人を火あぶりの刑に処すること。

B　兵舎にいる敵軍の兵士を焼き殺すこと。

②　「積を焼く」とは，なんのことでしょう。

A　船に積んである敵の物資を焼き払うこと。

B　野積みになっている敵の物資を焼き払うこと。

③　「輜を焼く」とは，なんのことでしょう。

A　軍事物資を運ぶ輜重部隊を焼き撃ちすること。

B　軍事物資運搬用の車を焼き払い運べないようにすること。

④　「庫を焼く」とは，なんのことでしょう。

A　倉庫に保管されている物資を焼き払うこと。

B　金庫に保管されている重要書類を焼き払うこと。

⑤　「隧(すい)を焼く」とは，なんのことでしょう。

A　敵がトンネル(隧道(すいどう))を掘って城内へ侵入しようとするのを焼き打ちすること。

B　桟道(さんどう)や甬道(ようどう)など敵の兵糧などを運ぶ道を焼き払うこと。

＊桟道は，口絵参照。甬道は，塀で外から見えないようにした道。

12 火攻篇　② 火攻めの必須条件

（前より続く）**火(ひ)を行(おこな)うには必(かなら)ず因(よ)る有(あ)り。煙火(えんか)は必(かなら)ず素(もと)より具(そな)う。火(ひ)を発(はっ)するには時(とき)有(あ)り，火(ひ)を起(おこ)すには日(ひ)有(あ)り，時(とき)とは，天(てん)の燥(かわ)けるなり。日(ひ)とは，月(つき)，箕(き)・壁(へき)・翼(よく)・軫(しん)に在(あ)るなり。凡(およ)そ此(こ)の四宿(ししゅく)は，風起(かぜおこ)るの日(ひ)なり。**

＊**訳**　火攻めを行うには条件がある。火を付ける道具はもとより準備しなくてはいけない。火攻めをするには，乾燥した日でなくてはならない。風の起こる日でなくてはならない。風の起こるのは，月が，箕(き)・壁(へき)・翼(よく)・軫(しん)＊の四つの星座の位置にある時である。　＊太陽の通る黄道(こうどう)の近くの四つの星座。

続いて，火攻めの条件について述べます。これらが整い，初めて火攻めが可能になります。A，Bから正しい方を選んでください。

①　ここには具体的に書かれていない条件があります。なんでしょう。

A　敵の陣地内で火を放つ内通者や，敵陣に潜入して火を放つなど，先の五種類の火攻めを担当する専門の人間の存在。

B　天体の動きを観測して風の起こる時期などを予言する占師の存在。

②　火攻めのための自然条件で大切なものは，なんでしょう。

A　乾燥と風

B　月と四宿

12 火攻篇 ③ 死んだ者は二度と生き返らない

主は怒を以てして師を興す可からず。将は慍を以てして戦を致す可からず。利に合えば動き，利に合わざれば止む。怒りは以て復た喜ぶべく，慍は以て復た悦ぶ可けれども，亡国は以て復た存す可からず，死者は以て復た生く可からず。故に明君は之を慎み，良将は之を警む。此れ国を安んじ軍を全くするの道なり。

＊訳　王は，一時の怒りで戦争するための軍を興してはならない。将軍は，一時の憤りで戦争を始めてはいけない。戦争とは，利益になればやるもので，利益にならなければやるものではない。一時怒ってもまた嬉しくなることもできる。一時憤ってもまた愉快になることもできる。しかし，一度滅んだ国はまた蘇ることはできない。一度死んだ人間はまた生き返ることはできない。だから，聡明な王は戦争を安易にすることを慎み，優秀な将軍は戦争を安易にすることを戒めるのである。これが，国家を安泰にし，国軍を完全な形で維持するためのとるべき方法である。

「亡国は以て復た存す可からず，死者は以て復た生く可からず。」

これが，『孫子』の結論です。孫子がこのような大事なことを火攻篇の最後に置いた理由を「火器が発明される前の戦術として火攻めが一番悲惨であった。だから，火攻篇の最後にあえて置き，読む者に戦争の悲惨なことを肝に銘じさせ，為政者，将軍をより効果的に戒めるため。」と言う説もあります。火器を核兵器と言い換えればその重大さが分かるというものです。

A，Bから正しい方を選んでください。

① 『孫子』の結論と共に，忘れてはならない『孫子』の冒頭の言葉とは。

A　兵は国の大事にして，死生の地，存亡の道なり。察せざる可からざるなり。

B　日に千金を費やして，然る後に十万の師挙がる。

② 孫子の開戦の判断基準はなんでしょうか。

A　敵国が，自国の王や将軍を怒らすほどの無礼をしたかどうか。

B　その戦争に実利があるかどうか。

13 用間篇（ようかんへん）

① 情報に金を惜しんではいけない

孫子曰わく，凡そ師を興すこと十万，出でて征すること千里，百姓の費，公家の奉，日に千金を費し，内外騒動し，道路に怠り，事を操るを得ざる者，七十万家。相守ること数年，以て一日の勝を争う。而るに爵禄百金を愛みて，敵の情を知らざる者は，不仁の至なり。人の将に非ざるなり，主の佐に非ざるなり，勝の主に非ざるなり。

＊訳 孫子は言った。戦争のために10万の軍を編成し，千里の彼方に派遣するには，国民の負担する経費や国家の出費は，日に千金を使い，朝野はばたばたし，補給路維持に疲れ，農作業ができない国民が70万に及ぶのだ。勝ち負けは，数年にわたる前線でのにらみあいの果てに，たった1日の戦いで決まるのである。勝利は，敵情を把握していてこそできるのに，間者（スパイ）への褒美の爵位や報奨金を惜しみ，敵情を把握していない者は，国民に苦労だけさせ，恩恵をほどこす心のない最たるものだ。それは，軍を率いる将軍とは言えないし，王の補佐とも言えない。また，勝利を手にすべき王とも言えない。

いよいよ最後の「用間篇」です。間とは間者（かんじゃ）すなわちスパイのことです。間者を用いる方法について述べる篇です。孫子の戦わずして敵軍を屈服させるための謀攻を可能にする要が間者です。A，Bから正しい方を選んでください。

① 上の文の下線のところと同じことを孫子は先に言っています。それはどこだったでしょう。

A 2 作戦篇　B 12 火攻篇

② 孫子は，国と国民が大変な思いをして千里の彼方に派遣している自軍に勝たせるには，何が大事だと言っているでしょう。

A 間者への褒美としての爵位や百金を節約すること。

B 国を率いる者が，費用を惜しまず敵情を知ること。

13 用間篇 ② 情報は人よりも先に得る

（前より続く）**故に明君賢将の，動きて人に勝ち，功を成すこと衆に出ずる所以の者は，先ず知ればなり。先ず知るは，鬼神に取る可からず，事に象る可からず，度に験す可からず，必ず人に取りて敵の情を知る者なり。**

＊訳 だから，明君や賢い将軍が，軍を動かせば勝利し，多くの人のとうてい及ばない功績を上げる理由は，予め敵情を把握するからである。予め敵情を把握することは，鬼神のお告げによってもできず，古今の類似した事例になぞらえてもできず，太陽や月や星の動きを基にした暦数によってもできず，必ず敵の情報を知る人間によってこそ敵情を把握できるのである。

続いて，明君，賢将たるゆえんは，敵の情報を予め知っていることにあると言います。

A，Bから正しい方を選んでください。

① **「先ず知ればなり」「先ず知る」**とありますが，この「知る」という言葉は，先の篇のある有名な言葉に出てきました。それはどこでしょう。

A　3　謀攻篇

B　1　計篇

② 敵情を予め知ることは，戦争においてあらゆる時に必要となります。その中で一番重要な時とはなんでしょう。

A　軍の部隊を駐屯させる時。

B　開戦を決定する時。

③ 敵情は，何から一番得られると孫子は言っているでしょう。

A　人間である間者。

B　人知を超えた鬼神。

13 用間篇 ③ いくつかの情報源を持つ

間を用うるに五つ有り。郷間有り。内間有り。反間有り。死間有り。生間有り。五間倶に起りて，其の道を知るもの莫し，是れを神紀と謂う。人君の宝なり。

＊訳　間者には五種類ある。敵国の郷人の間者（郷間），敵国の官吏の間者（内間），ねがえった敵国の間者（反間），死すべき運命を与えられた間者（死間），幾度も敵国に潜入して情報をもたらす間者（生間）である。この五種類の間者を一緒に使っていて，もろもろの情報がどの筋の間者から得られたか敵も味方も誰も分からないのを，これぞまさしく神業と言う。五種の間者を束ねる将軍と五種の間者は，人々を治める王の宝である。

人君の宝と言われる，厳しい間者（スパイ）の世界が見えてきます。

A，Bから正しい方を選んでください。

① 四番目の間者「死間」とは，どんな間者でしょうか。

A　死者を装って，敵国に潜入する間者。

B　裏切りを装って敵国に虚偽の情報を漏らし，敵国を欺く自国の間者。

② なぜ,「**其の道を知るもの莫し**」は,神業(神紀)と言われるほど重要なのでしょう。

A　もし個々の情報経路（その道）を外に知られていたら，間者の一人が捕まれば，すべての間者に累が及ぶから。

B　先入観なしに各々の情報を突き合わせ，それらの筋道を点検し，敵の腹の底を読み取ることができるから。

ところで，今の私たちでは，個人でこのようなさまざまな間者を使うことなど思いもよらないことです。しかし，今は便利なものがあります。それは，インターネットです。インターネットから得たいくつもの情報を比較し，信頼度を量り，そこから自分に役立つ確かな情報を引き出すのです。インターネットは，居ながらにして使えるのでシニアにはもってこいです。『孫子』はその点で大いに参考になることでしょう。

13 用間篇 ④ 情報の意味するものをとことん読み取る

三軍の親は，間よりも親しきは莫し。賞は間よりも厚きは莫し。事は間よりも密なるは莫し。聖に非ざれば間を用うる能わず。仁に非ざれば間を用うる能わず。微妙に非ざれば間の実を得る能わず。

＊ 訳　全軍の中で間者ほど将軍と親密な者はいない。褒賞も間者より手厚い者はいない。機密の中で間者を使うことほど機密のものはない。最高に聡明な人物でなければ間者を使うことはできない。心より恩恵を施さなければ間者を使うことはできない。言葉や文章などを超えた微妙な点を見抜くことができなければ，間者のもたらす情報の奥底から真実を引き出すことはできない。

影で身を挺し，命を捧げて働く間者の遇し方と使う側の資質について書かれています。

Ａ，Ｂから正しい方を選んでください。

① 間者からもたらされた情報にどのように対したらよいでしょう。

Ａ　情報の表面上の意味ではなく，伝えられたことの奥にある微妙なものを感知する。

Ｂ　伝えられたものをそのまま受け取る。

② もし，将軍から命を受けて敵国に行った間者の情報が，将軍への報告前に他から伝えられたらどうなるでしょう。

Ａ　間者は死罪，情報を伝えてきた者には褒賞が与えられる。

Ｂ　間者，およびその情報を伝えてきた者は死罪となる。

③ 孫子は，この後，「用間篇」の結論として，間者をどのようなものとして位置付けたでしょうか。

Ａ　兵法の中で扱いが最も難しいものであり，あまり頻繁に使ってはならない。

Ｂ　兵法の要であり，全軍の進退のよりどころである。

戦史で学ぶ孫子の兵法２　**孫臏（そんぴん），かまどを減らして龐涓（ほうけん）を倒す**

龐涓に才能をねたまれ足切りの刑に処せられた孫臏（孫子の子孫）は，後に斉（せい）の軍師になりました。その時，龐涓は，魏（ぎ）の将軍になっていました。

ある時，魏と趙（ちょう）は韓を攻め，韓は斉に助けを求めました。そこで，斉は田忌（でんき）を将軍にして魏の都大梁（たいりょう）を攻めることにし，急いで大梁に向いました。それを聞いた龐涓は，本国が危ないので急いで韓からもどってきました。（それが，孫臏の作戦です。）

龐涓をおびきだした孫臏は，退却を偽って，最初の１日目は，自軍のかまどの数を10万にし，２日目は５万にし，３日目には３万に減らしました。斉軍を追ってきた龐涓は，それを見て喜びました。魏は斉の人間は臆病だと軽蔑していたので，龐涓は，斉の兵士は，強行軍の果てにどんどん逃亡していると判断したのです。そこで，龐涓は，魏軍のうち，騎兵だけを引き連れ，斉軍を追ったのです。それを読んでいた孫臏は，馬陵（ばりょう）（斉の領土。口絵３ページ参照）という道が狭まっているところに，彼が現われる日時を計って，弩（ど）（大弓）を構えた多数の兵士を道の両側に伏せて待ち構えていました。

はたせるかな，計算通り夕刻龐涓の軍は馬陵に到着しました。それに向けていっせいに弩が発射されました。魏軍は壊滅し，宿敵龐涓は，自刃して果てました。これによって，孫臏の名は天下にとどろいたのです。

龐涓が，孫臏のかまどを減らす（減竈（げんそう））戦術にひっかかったのには理由があります。『孫子』の「軍争篇」に，「１日百里を強行軍すれば，兵士の９割は疲れ果てて落伍し，１日五十里を強行軍すれば，兵士の５割は疲れ果てて落伍する。そのため，待ち構えていた強力な敵軍に，完敗する。」とあるからです。

龐涓の間違いは，**①斉の人間は臆病であるという情報と，『孫子』の「軍争篇」の言葉を安易に結びつけ，減竈という孫臏によって作られた虚（きょ）（斉軍の弱点）を見て，今の情勢を判断してしまった，②敵地斉の馬陵の地形（「行軍篇」にある険しい崖に挟まれた谷間である「絶澗（ぜつかん）」）をよく認識していなかった（敵に関する情報不足）ことです。**

それに，騎兵と言えど急追するため疲労しており，満を持して待ち構えている斉軍にひとたまりもないわけです。人間功を焦ると判断を誤るのです。

（『史記』の「孫子・呉起列伝」より）

孫子の兵法で脳トレーニング
解答編

1 計篇　解答

①　戦争をする前に勝敗を知る

＊6ページ

答えの後に，太字で『孫子』の書き下し文を示しました。

①　A「**道**とは，**民**をして**上**と**意**を**同**じくし，**之**と**与**に**死**す**可**く，**之**と**与**に**生**く**可**くして，**畏危**せざらしむるなり。」

②　B「**天**とは，**陰陽**・**寒暑**・**時制**なり。」

③　B「**地**とは，**遠近**・**険易**・**広狭**・**死生**なり。」

④　A「**将**とは，**智**・**信**・**仁**・**勇**・**厳**なり。」

＊孫子は，春秋時代末期の戦争の理論と実践を担った兵法家でした。孫子は，後の韓非子に結実する法家的な考えをバックに，儒教の徳目である仁義礼智信のうち「（正）義」と「礼（儀）」は，戦争に不要なものとし，「勇」と「厳」とに差し替えました。敵の不利な態勢の時に攻撃せずに敗北した宋の襄公のこと（宋襄の仁）など笑うべきものだったのです。しかし，「仁」（下の者に恩恵をほどこすこと）は忘れませんでした。厳しさだけでは，部下はついてこないからです。

⑤　B「**法**とは，**曲制**・**官道**・**主用**なり。」

⑥　A「**吾**，**此**れを**以**て**之**を**観**れば，**勝負見**わる。」

＊孫子は，敵国と自国の力の実情を確実に把握する合理的な思考と，軍を将軍の指揮通りに確実に動かすための軍法を重視します。それによって「おおよそ」などと言う曖昧な判断は排除されます。「計篇」冒頭の孫子の言葉「**兵は国の大事にして，死生の地，存亡の道なり。**」は，「だいたい」などと言う言葉が入りこむ余地がないほど厳しさに満ちています。

そして，「計篇」の最後で孫子はこのように言いきります。

夫れ未だ戦わずして廟算して勝つ者は，算を得ること多きなり。未だ戦わずして廟算して勝たざる者は，算を得ること少きなり。算多きは勝ち，算少きは勝たず。而るを況んや算無きに於てをや。吾，此れを以て之を観れば，勝負見わる。

開戦の前に，祖先を祭った宗廟で作戦会議が行われます。ここで6，7ページの五事七計の条件に基づき，勝てる要素を計算します。それを廟算と言います。

廟算して，勝つ要素が敗北より多ければ勝利は間違いないと言うのです。

「算多きは勝ち，算少きは勝たず。而るを況んや算無きに於ておや。」です。

まったく勝算が無いのに開戦するとは，もってのほかなのです。

②　戦争とは，だまし合いである

＊8ページ

① B **「能くすれども之に能くせざるを示し」**

＊たとえば，包囲する兵力があるが，無いようにみせかけること。

＊之：敵を指します。以下，同じです。

② B **「用うれども之に用いざるを示し」**

＊たとえば，弩の部隊を持っていることを敵に対して隠しておくこと。

③ A **「近けれども之に遠きを示し，遠けれども之に近きを示し」**

＊たとえば，本隊は敵の近くにいても，別働隊が遠く離れた所で活動していたり，その逆の場合です。また，みせかけではなく，ほんとうに近くにいても敵に戦略的に遠くにいるように実感させたり，遠くにいても敵に戦略的に近くにいるように実感させる場合も考えられます。一度，日常の場で作戦を立ててみてください。

④ B **「利して之を誘い」**

＊たとえば，餌兵（おとり）や，戦利品をちらつかせ，不利な場（袋小路など）に誘い，伏兵で殲滅します。

⑤ A **「乱して之を取り」**

＊敵に内部崩壊が起きているようにみせかけ，敵を油断させ攻め取ります。スパイを放ったりして敵の内部崩壊をはかるという解釈もありますが，この本では自軍のこととして考えます。

⑥ A **「実すれば之に備え」**

＊「実にして之に備え」という読み方もあります。その場合は，自軍の兵力を充実させ敵にそなえる，ということになります。こちらもＯＫです。

⑦ A **「強ければ之を避け」**

＊自軍より強い敵とは戦わずに相手に何らかの変化が起こるまで待つというもの

で，負けない戦いを重視したものです。

⑧　B「**怒らせて之を撓し**」

＊敵の大将が激昂しやすい人物なら，スパイを放ってけしかけ，不用意に戦端を開かせてしまうことです。慶長５（1600）年の第二次上田合戦がそれだと言われています。信州上田城の真田昌幸・幸村が降伏勧告を蹴ったため，徳川秀忠は怒って攻めて敗北しました。そのため秀忠は，関ヶ原の合戦に間に合いませんでした。日常の交渉でも，怒った方が負けです。

⑨　A「**卑しくして之を驕らせ**」

＊驕る平氏は久しからずです。

⑩　B「**佚すれば之を労し**」

＊これによって，兵力の均衡を崩すのです。

⑪　B「**親しめば之を離し**」

＊いわゆる離間策です。敵の王と将軍・臣下，将軍と将校，将校と兵士が仲が良ければ，権謀術数を使って仲たがいをさせるのです。今日でも国家間においてよくみられます。また，日常生活においてもよくあります。よくよく注意しなければなりません。

●「兵は詭道なり」全文。

兵は詭道なり。故に能くすれども之に能くせざるを示し，用うれども之に用いざるを示し，近けれども之に遠きを示し，遠けれども之に近きを示し，利して之を誘い，乱して之を取り，実すれば之に備え，強ければ之を避け，怒らせて之を撓し，卑しくして之を驕らせ，佚すれば之を労し，親しめばこれを離し，其の備無きを攻め，其の不意に出づ。此れ兵家の勝にして，先ず伝う可からざるなり。

2 作戦篇　解答

①　戦争はとにかく速く勝つことである

＊10ページ

① A　＊「発作」の「作」です。

② B　**「兵は拙速を聞く，未だ巧の久しきを睹ざるなり。」**

＊孫子は，「戦争は迷うことなく，早く決着をつけることが肝要であり，いまだかつてうまく戦争をして長引いたと言う戦争を見たことがない。」と言うのです。下手な戦争は長引き，やがて自滅するのです。

③ A　**「夫れ兵を鈍し鋭を挫き，力を屈し貨を殫さば，則ち諸侯，其の弊に乗じて起らん。」**

＊孫子の言葉は，歴史を顧みつつ，熟読玩味しなければなりません。

②　相手の戦力を自軍の戦力にする

＊11ページ

① B　＊戦争における補給の大切さを説く一節です。補給線の破綻した遠征軍は，戦力を維持できず，消耗して崩壊するのです。

② B　**「是れを敵に勝ちて強を益すと謂う。」**

＊『孫子』の愛読者，毛沢東は，日中戦争時，われわれの兵器工場は，東京にあると，たしかどこかで言っていたように記憶します。

③ A　＊孫子は，「作戦篇」の結論として，念を押すかのように**「兵は勝つを貴び，久しきを貴ばず。」**と長期戦を強く戒めます。

そして，戦争（兵）は短期に効率よく行うものであることを知っている将軍こそが，国民の生命を預かり，国家の安全・危機に責任を全うできるのだと言って，「作戦篇」を終えるのです。

「兵を知るの将は，民の司命，国家安危の主なり。」

3 謀攻篇　解答

①　戦わずして勝つ

＊12 ページ

① Ａ **「国を全うするを上と為し，国を破るは之に次ぐ。」**

＊「戦わずして勝つ」のが善の善です。

② Ｂ ＊個々の戦闘で勝利し，武勲を挙げるのが戦争ではないのです。

③ Ａ **「上兵は謀を伐つ。」**

＊最上の戦争とは，敵国の計画をスパイにより先に知り，綿密な思考と計画によってその計画を打ち破り，敵国を畏怖させ戦わずして勝つのです。

④ Ｂ **「其の次は交を伐つ。」**

＊「其の次」の次は，野戦軍と戦うことです。下の下は，城邑を攻めることです。莫大な労力と戦死者にもかかわらず落ちないこともあるのです。費用対効果の最も低い戦いです。攻城戦は，孫子が強く戒めるところです。よって，優れた将軍は，謀攻によって城を落とすのです。

②　戦いの勝利を予知する五カ条

＊13 ページ

① Ｂ ＊孫子は，**「彼を知り己を知れば，百戦して殆からず。」**（敵軍の力量を知り，自軍の力量を知れば，百回戦っても敗れることはない）と言います。百戦百勝と言わないところが孫子です。

そして，続けて，「①敵軍の力量を知らず，自軍の力量のみを知っている場合は，勝つ時もあれば敗れる時もある。②敵軍の力量も自軍の力量も知らない場合は常に敗れる」と言っています。

「計篇」の五事・七計を思い起こしてください。

② Ａ **「十なれば則ち之を囲み」**

＊敵軍を包囲し，退却の道をふさぎ，援軍，兵糧の道を絶ちます。

やがて敵は降伏します。

そのあと，孫子は，「五倍なら敵軍を攻め，二倍なら二手に分けて敵軍を挟み撃ちにし，同数なら全力を尽くして敵と戦え」と言います。その場合も「彼を知り己を知る」ことは常識です。そうすれば，少なくとも敗れることはありません。先に紹介した**「百戦して殆からず」**の含蓄の深いところです。

孫子の「用兵の法」（兵法，戦争の仕方の原理）は，敗けない兵法なのです。

「用兵の法」は，実際に軍事力を発動する場合もあれば，発動しない場合もあります。

もちろん発動せずして勝つのが孫子の兵法です。すなわち，**謀攻**です。そのため，できる限り情報を得，知恵を絞るのです。

③　A　**「少けれ ば則ち能く之を逃れ」**

＊兵法書『三十六計』の最後，**「走るを上と為す」**，即ち三十六計逃げるに如かずです。敗けない兵法です。

④　B　＊孫子は，王が，現場の将軍に全面的に指揮権をゆだねることを主張します。

4 形篇　解答

①　勝利は敵が与えてくれる

＊14ページ

①　A　＊敵軍の守りの形を見抜けるのなら，自軍の守りの形を敵が見抜く可能性があります。そこで，自軍の守りは完全にかくさなくてはなりません。そして，敵軍の守りの形はまるで天上から見るように動くのです。

※問題に引いた『孫子』の文は，銀雀山漢墓出土の竹簡本『孫子』によりました。

②　B　＊守りは単に守りではありません。それは，いつでも敵軍の隙を突く攻撃に移ることができる守りの形なのです。

②　勝てる戦いに勝つから，つねに勝つ

＊15ページ

①　B　＊プロ野球でよく見られるのですが，いつも決まって守備をしている選手のところに打ったボールが飛んでいきます。それをこともなげに選手はキャッチします。これは，飛んでくると予測した地点でボールを待っているからできるのです。これをファインプレーとは言いません。

③　勝利の方程式

＊15ページ

①　A　＊勝利の五段階方程式です。孫子の思考法は極めて数学的です。すべてを数値化してはかった上で，敵味方の総合的兵力をてんびんに掛けます。これを**称**と言います。対称の称です。このようにして客観的に勝利の作戦計画を組み立てている自軍に負けはありません。

孫子はこう言います。

「故に勝兵は鎰を以て銖を称るが若く，敗兵は銖を以て鎰を称るが若し。」勝つべくして勝つ軍の勝利は，まるで重い分銅で軽い分銅を量るように自明であり，敗けるべくして敗ける軍の敗戦は，まるで軽い分銅

で重い分銅を量るように自明なのです。

それにしても，現実的な孫子にして，陰陽五行説的な，ものごとを五つの要素でとらえるという思考法が見られるのは興味深いところです。もっとも，ものごとを五つに整理すれば，覚えやすいというだけのことかもしれませんが。

② B
③ B
④ A
⑤ B
⑥ A

敵，味方の兵力を，はかりにかける

戦史で学ぶ孫子の兵法 3　**孫子，女官を教練する**

孫子が，呉王闔廬（こうろ）の前で女官たちを軍事教練する話があります。

孫子が，太鼓をたたいて二分隊にわけた女官たちに軍令を下しました。

これは，先に出てきた**「衆（しゅう）を闘（たたか）わすこと，寡（か）を闘（たたか）わすが如（ごと）きは，形名（けいめい），是（こ）れなり。」（p.17）**の「名」にあたります。名とは耳に聞こえる音のことで，この場合は，太鼓にあたります。

孫子は，太鼓をたたいて命令を下したのです。その通りに動かなければ，軍は敗北です。前もって太鼓の意味を説明したにも関わらず笑って動かなかった女官の二人の分隊長（闔廬の愛姫）を軍令違反として斬首しました。

闔廬は，二人の愛姫を斬らないで欲しいと孫子に言いましたが，すでに軍の指揮を執るように君命を帯びていますので，それはできませんと言ったのです。

ここには，「形篇」や「謀攻篇」でくりかえす①法家的な法の運用に関する厳しい精神と，②王がいったん将軍に，軍の戦場での指揮権を与えたなら口出し無用，という孫子の考えがよく現れています。**（『史記』の「孫子・呉起列伝」より）**

5 勢篇　解答

①　正攻法と奇法を使えば敗けることはない

＊17 ページ

①　B

②　A　＊「**形名**（信号）」は大軍を一糸の乱れもなく動かし,集団のエネルギー（勢い）を発揮させる方法です。

③　B　＊奇正については，17 ～ 18 ページを読んでください。

②　正攻法と奇法はミックスして使う

＊18 ページ

①　A　＊ある部隊は，正面から敵に相対し正々堂々戦い（正法），ある部隊は背面から攻撃する（奇法）といったように，部隊を二つに分けて考える説もありますが，この本では，Aをとります。なぜなら，この方が，孫子が言う「**奇正**(きせい)**の変**(へん)**は，勝**(あ)**げて窮**(きわ)**む可**(べ)**からざるなり。奇正相生**(きせいあいしょう)**ずること，循環**(じゅんかん)**の端無**(はしな)**きが如**(ごと)**し。孰**(た)**れか能**(よ)**く之**(これ)**を窮**(きわ)**めん。**」のイメージに近いように思われるからです。　＊訳は，18 ページ参照。

②　B　＊奇正を用いた戦い方によって，自軍が主導権を握り，敵軍に隙（虚）をつくらせるのです。これを実によって虚を撃つと言います。次の虚実篇で詳しく説かれることになります。孫子の虚実論は実に面白いです。

③　勢いは満を持して放つ

＊19 ページ

①　A　＊奇法正法を複雑にミックスした戦い方で勢いをつくり，その勢いがまた奇正の戦いを効果的にします。満を持してその勢いを放出することによっても勢いはますます激しくなるのです。

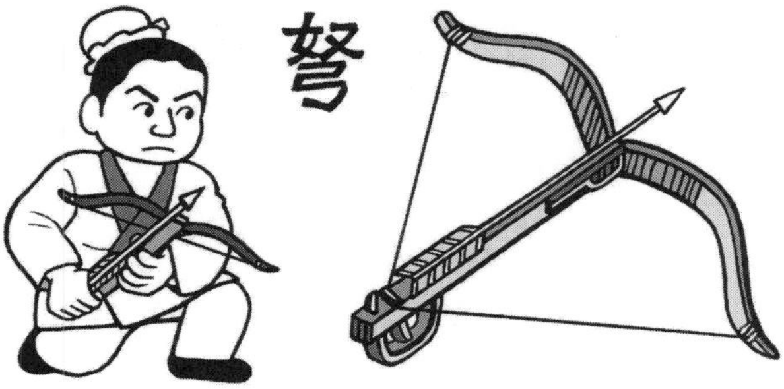

④　敵を思うように動かして勝つ

＊19ページ

①　A　＊孫子は，同じことを各篇で，情況に合わせて語っています。

②　B　＊すぐ前に言われている「**勢は弩を彍るが如く，節は機を発するが如し。**」です。

⑤　最後は勢いで勝つ

＊20ページ

①　A

②　B　＊自軍全体を集団として秩序だって動かし，全体が勢いづくように仕向けるわけです。そして，その勢いは個々の兵士の力以上の力を最高度に引き出し，勝利へ導くのです。

③　A　＊孫子は次のように言って「勢篇」を終えます。

「**善く人を戦わしむるの勢，円石を千仞の山より転ばすが如き者は，勢なり。**」（「人を戦わせるのに長けた人のつくり出した勢いは，まるで丸い石を千仞の高い山から転がしたような勢いである。」）

戦いに長けた将軍は，勝算がある上で，兵士を死地・亡地に置き，軍の勢いをつくり出すのです。それは，もう誰人も押しとどめることはできない勢いなのです。

6 虚実篇　解答

①　相手の弱点をつくり，そこを衝く

＊22 ページ

①　B　＊「虚」と「実」は，布陣について言えばこうですが，実際はもっと広い意味で使われています。この項を読んで虚実の意味をつかんでください。虚実の意味をつかめば，戦いの原理が分かると言います。

②　A　＊「実」は，その逆で，先に戦場に着いた余裕綽々の軍。

③　ア　自軍　　イ　敵軍

＊漢文というものは，分かったような分からないようなところがありますが，このように対句になっていれば，覚えやすいという利点があります。

②　守りどころ，攻めどころを知っていれば勝つ

＊23 ページ

①　A　＊軍の進路はこのように戦略的に重要です。無謀な進路を取ったために，悲惨な結果を招くことがあるのです。

②　B　**「善く攻むる者は，敵，其の守る所を知らず。」**

＊敵軍は，本当に守らなければならないところに気付いていないのです。優秀な将軍は，そこを見抜き攻めるのです。

③　B　**「善く守る者は，敵，其の攻むる所を知らず。」**

＊敵軍は，本当に攻めなければならないところに気付いていないのです。優秀な将軍は，そこを見抜き守るのです。

③　相手の兵力を分散させ，各個撃破する

＊24 ページ

①　A　＊『孫子』の例は，敵軍と自軍の兵力が同じ場合で論を進めていますが，これをさらにつきつめれば，敵軍より少ない兵力で，敵を倒すことができるということです。

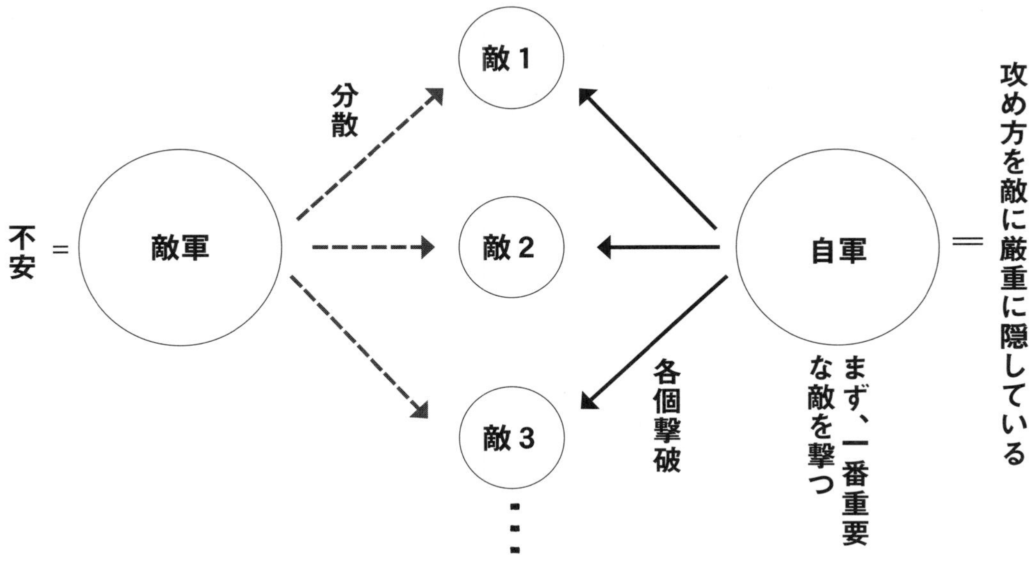

②　A　＊戦う場所と戦う日が分かっていれば，色々なところから出発させた自軍を，決まった場所と日に集結させることもできます。その際，全般的な状況判断（敵軍の動きや，現在の戦況）をし，地形・天候を考慮し，勢篇にあった「**以**(もっ)**て之**(これ)**を動**(うご)**かし。卒**(そつ)**を以**(もっ)**て之**(これ)**を待**(ま)**つ**」（敵をおびき寄せ，ふいに攻める）ことも実行されることになります。

④　相手の出方に合わせ変化する

＊25ページ

①　**ア**（　実　）**イ**（　虚　）

②　A　＊水の性質が戦いに似ていることもありますが，孫子は自らの兵法が，自然の理に適っていることを根底において語っています。

③　B　＊きわめて難しいことです。だから，孫子は，それができることを，「**之**(これ)**を神**(しん)**と謂**(い)**う**。」，即ち神の妙技と言ったのです。これができる将軍こそ「善(よ)く攻むる者」なのです。

7 軍争篇　解答

①　遠回りの道を真っ直ぐの道にする法

＊26ページ

①　A　＊戦場に早く着く利点は，「虚実篇」（22ページ）を参照。

②　B　＊「縮地の術」のように神秘的な響きがあります。

③　B　＊時間的に，迂回路を直線にしたのも同然になります。そして，敵軍を待ち受けて，勝利するのです。戦いは自分のいるところでするので，当然，戦場には先に着いていることになります。

④　A　＊利とは「戦場には先に着いていること」です。

②　軍の動き方は風林火山

＊27ページ

①　B　＊武田信玄の「風林火山」の旗印は有名です。

②　A　＊敵の動きに合わせ自在に動き，敵の隙をつくり，そこを攻めるのです。実（充実したところ）を虚（弱点）にする謀です。

③　B　＊「虚実篇」（25ページ）参照。

おまけの問題

＊28ページ

①　B，C　＊**「朝の気は鋭く，昼の気は惰り**（だらけ），**暮の気は帰る**（尽きる）。**故に善く兵を用うる者は，其の鋭気を避け，其の惰帰を撃つ，此れ気を治むる者**（気を支配すること）**なり。」**と孫子は言います。

②　A，C　＊**「高陵には向う勿れ。丘を背にせるは逆うる勿かれ。佯り北ぐるをば従う勿れ。鋭卒をば攻むる勿かれ。」**（高い丘に陣取る敵，丘を背に攻めてくる敵，退却するふりをする敵，敵の精鋭は攻めてはいけない）と，孫子は警告します。丘を背にしてくる敵ですが，「おとりの兵」説，「丘から降りてくる兵には勢いがある」説などあります。

8 九変篇　解答

①　必勝の九戦術

＊29ページ

①　B　＊本国と隔絶した場所です。

②　A　＊前に敵，後ろは絶壁といった絶体絶命の場所です。
前漢の韓信の背水の陣のように，川を背後にして，敵軍に向かわせた戦術もあります。逆手に取ったわけです。(45ページ参照)

③　B　＊当然，予め，その道について情報を得ておきます。

④　A　＊城邑（じょうゆう）を攻めるには莫大な犠牲と労力がかかります。謀攻篇などで，城邑を攻めることは，孫子がきつく戒めるところです。

②　有利な点だけでなく害の面も考える

＊30ページ

①　A

②　A

③　B

④　A　＊問①～③までのことは，要するに，利や害を上手に近隣諸侯に吹き込んで，自国の有利になるように諸侯を動かす術です。
直接戦うことなく，対外関係に勝利するのが孫子です。

③　上に立つ者は単純な性格であってはならない

＊32ページ

①　B

②　A

③　A　＊将軍の資質としての，必死（勇気），廉潔（清廉潔白），愛民（仁）は，それ自体良いことで利ですが，偏ると，思慮分別を欠いた，猪突猛進となり，潔癖主義となり，情に溺れることになります。そこを敵軍につけこまれ，害となります。将軍は，自分自身の性格も利害両面から計量しなくてはならないのです。

9 行軍篇　解答

①　つねに有利な状況で戦え

＊33ページ

① A，C　＊「絶山依谷」を，「山を越えるには谷に沿って行け」と読む説もあります。また，谷沿いに進むために，崖に穴をあけ，木や竹で多くの桟道が作られました。（口絵参照）

② A，B

③ B，C　＊川のほとりで戦う第一の鉄則「**水を絶れば必ず水に遠ざかれ**。」も，兵士を素早く展開できるようにするためです。

④ A，B　＊日当たりのよい，高いところに陣を置くのは，鉄則です。
諸葛孔明が陣を置いた五丈原は，最適のところです。（口絵も参照）

五丈原村

五丈原のふもとの諸葛泉

⑤ A，C

②　つねに有利に戦える場所を選べ

＊35ページ

① B，C

② A，B　＊孫子は，兵士が右利きであることを前提にして戦いを考えています。

③　雁行(がんこう)の乱れるのは伏兵がいる証拠

＊36ページ

① A

② A

③ B　＊平安時代後期に奥羽地方であった後三年の役(ごさんねんのえき)（1083〜87年）の時の出来事です。義家の歌に「吹く風をなこその関と思へども道もせに散る山桜かな」（千載集）があります。義家が，陸奥守(むつのかみ)として勿来関(なこそのせき)を越え陸奥国に入った時，道も狭しと散る山桜を見て，桜の散るのを惜しんだ歌です。文武両道の人でした。

④ B

⑤ A　＊孫子の時は，歩兵が成立したころで，騎兵は成立していません。

④　敵の真意を見抜く

＊37ページ

① A

② B

③ A　＊孫子は，この「行軍篇」において，最後にこう言います。

「令素(れいもと)より行(おこな)わるる者(もの)は，衆(しゅう)と相得(あいう)るなり。」

軍令が平生からよく行き渡っている軍は，将軍と兵士が信頼関係で結ばれ，一体となっている軍です。そのような軍にして初めて，計算通りの戦いができるのです。

10 地形篇　解答

①　マスターすべき六つの地形の戦い方

＊38 ページ

① B **「先ず高陽に居り，糧道を利して以て戦わば即ち利あらん。」**

② A **「出でて之に勝たん。敵若し備有らば，出でて勝たず。」**

③ A **「引きて之を去り，敵をして半ば出でしめて之を撃たば，利あらん。」**

＊「行軍篇」の川のほとりで敵軍を迎え撃つのと同じです。

④ B **「我先ず之に居らば，必ず之を盈たして以て敵を待て。若し敵先ず之に居らば，盈たば従う勿かれ。盈たずんば之を従え。」**

⑤ A **「我先ず之に居らば，必ず高陽に居りて敵を待て。若し敵先ず之に居らば，引きて之を去り，従う勿かれ。」**

⑥ B **「勢均しくば，以て戦を挑み難く，戦うとも利あらざらん。」**

②　地形の利害を知らなくては勝てない

＊40 ページ

① B

② A

③ B ＊戦理によって，必勝の戦いをすることで，国に利益をもたらしたことになります。ただ，これは非常にデリケートなことで，1931 年 9 月 18 日に勃発した満州事変時の朝鮮軍越境問題を忘れることはできません。9 月 21 日に朝鮮軍の林銑十郎司令官は，第 39 旅団を，朝鮮と満州の国境を越えて満州へ移動させ，関東軍の指揮下に置きました。これは，天皇の正式の命令のない独断越境でした。結局事後承認されますが，以後，陸軍主導で，太平洋戦争へ向かって進んで行きました。このことは，孫子の言葉を借りるならまさしく**「察せざる可からざるなり」**です。

④ A

⑤ A ＊戦理によって，必敗の戦いから国を救ったことになります。

「戦の道（戦理）」はこのように，王の権威を超えた法則なのです。将軍は，その「戦の道（戦理）」の体現者なのです。

⑥　A

③　部下はわが子のように慈しむ

＊42ページ

①　A

②　B

③　B　＊孫子は，常に戦略的に思考します。将軍が兵士にわが子に接するように慈しみの心をもって接するのは，共に死地におもむくためです。根本に法家的思想ありますので，将軍の命令にそむく者には厳しい罰を科します。「孫子，女官を教練する」（63ページ）でご覧になった通りです。

戦史で学ぶ孫子の兵法４　**風林火山の旗印敗れる―長篠（ながしの）・設楽原（したらがはら）の戦い―**

天正３（1575）年，織田信長・徳川家康の連合軍は弾正山下の川沿いに馬防柵をめぐらして，武田の騎馬隊を待ちかまえ，鉄砲隊で迎え撃ちました。この武田軍を壊滅させた，いわゆる長篠の戦い（愛知県新城市）は，綿密な謀攻であったように思われます。

連吾川（れんごがわ）の右岸の弾正山に布陣した織田・徳川連合軍を正面から一気に粉砕しようと，武田軍本隊は，誘われるように設楽原に進出し，連吾川左岸の高地（現・信玄台地）に布陣しました。武田軍には，他に長篠城をにらむ鳶ヶ巣山（とびがすやま）の５砦に陣取った部隊がいました。その武田軍に大量の鉄砲で一気に勝つには，高地に陣取った武田軍本隊を先に高地から下らせ，馬防柵に正面から突入させなくてはなりません。

この作戦は，武田軍本陣の後方にある鳶ヶ巣山の５砦を，連合軍が背後から奇襲し，壊滅させることによって可能となりました。後方の砦を失った本隊は，追い立てられるように鉄砲隊の待つ馬防柵に突入していったのです。

大量の鉄砲と弾薬，馬防柵の木材を用意しての戦いです。綿密な作戦は必ず必要です。謀攻，奇正の戦いの典型です。

それにしても，孫子の「**彼（かれ）を知（し）り己（おのれ）を知（し）れば，百戦（ひゃくせん）して殆（あやう）からず**」に忠実だったのはどちらだったでしょうか。

11 九地篇　解答

①　地勢に応じて戦い方を変える

＊43 ページ

①　B　「**散地には則ち戦う無かれ。**」＊散地は，兵士が散ってしまう地。

②　A　「**軽地には則ち止まる無かれ。**」

③　A　「**争地には則ち攻むる無かれ。**」

④　B　「**交地には則ち絶ゆる無かれ。**」

⑤　B　「**衢地には則ち交を合わせよ。**」

⑥　A，B　「**重地には則ち掠めよ。**」

＊重地については，A，B両方の説があり，両方とも考えられます。

⑦　A　「**圮地には則ち行け。**」

⑧　A　「**囲地には則ち謀れ。**」

⑨　B　「**死地には則ち戦え。**」

②　人を動かすには死地に置く

＊45 ページ

①　A　＊仲が悪いもの同士が同じところに行き合い，やむをえず協力し合うこと。

②　B　「**善く兵を用うる者は，手を携うること一人を使うが若くなるは，已むを得ざればなり。**」＊孫子は，次のようにも言っています。

> **高きに登りて其の梯を去るが如し。**
> （兵士を高いところに登らせておいて，梯子をはずすようなものだ。）

③　はじめは処女のように，後は脱兎のように

＊46 ページ

①　B　＊「**始は処女の如く，後は脱兎の如し**」の出典です。中国の故事成語には，すばしっこいものとしてウサギがよく出てきます。

②　A　＊敵をおびきだすには，敵の大切なところを先ずわざと攻撃し（其の愛する所を先にし）ます。

12 火攻篇　解答

①　火攻めの五つの方法

＊47 ページ

① B ＊人も物も一瞬に消滅する火攻，五つの方法です。

② B

③ A

④ A

⑤ B

②　火攻めの必須条件

＊48 ページ

① A ＊孫子は，合理的でないものはしりぞけました。

② A ＊風の起こる日と，月の天球での位置との関係について孫子は述べますが，これは彼の経験から導き出されたものではないかと言われています。火攻めと言えば，呉の孫権・劉備（りゅうび）の連合軍が魏の曹操（そうそう）を破った 208 年の赤壁の戦いです。呉の将軍周瑜（しゅうゆ）は，芝を積んだ舟に火を付けて風上から東南風に乗せて曹操の軍船に突入させ，魏の軍船を燃やし壊滅させたのです。『三国志演義』では，この風を呼んだのが諸葛孔明（しょかつこうめい）となっています。

③　死んだ者は二度と生き返らない

＊49 ページ

① A ＊何度でも口ずさみたい言葉です。

② B

13 用間篇　解答

①　情報に金を惜しんではいけない

＊50 ページ

① A ＊「作戦篇」で孫子は，**「凡そ兵を用うるの法，馳車千駟，革車千乗，帯甲十万，千里に糧を餽れば，則ち内外の費，賓客の用，膠漆の材，車甲の奉，日に千金を費して，然る後に十万の師挙がる。」**と言っています。（10 ページ参照）

孫子は,大切なことは言い方は少しずつ変えながらもくりかえし説きます。

② B ＊国家，国民，兵士の何年にもわたる苦労を，徒労に終わらせたくないのなら，間者への褒賞など安い物なのだ。

②　情報は人よりも先に得る

＊51 ページ

① A **「彼を知り己を知れば，百戦して殆からず。」**

② B ＊開戦の際自国と敵国とどちらが軍事力を含む国力が勝っているか七計によって比較計量し，勝算ありやなしやをはじき出します。それを，国家の廟堂で行いますので廟算と言います。その際の敵国のデータは間者によって事前にもたらされるのです。孫子は言います。**「吾，此を以て之を観れば,勝負見わる**（廟算の結果を見れば戦う前に勝敗が分かる）。」と。（「計篇」参照）

③ A ＊孫子は戦争に関しては，神がかった力に頼ることを否定します。

③　いくつかの情報源を持つ

＊52 ページ

① B ＊その情報が偽りですので，必ず処刑されます。だから死間です。

② A，B ＊二つとも正解です。

④　情報の意味するものをとことん読み取る

＊53 ページ

①　A

②　B　＊間者（かんじゃ）は将軍から直接命令を受ける存在です。他から命令を受けることはありません。命令のことを知っているのは将軍と間者だけです。

③　B　＊軍は，間者の情報を待たずに，軽々しく動いてはならないのです。孫子は言います。「**此（こ）れ兵（へい）の要（よう）にして，三軍（さんぐん）の恃（たの）みて動（うご）く所（ところ）なり**（間者は兵法の要であって，全軍の進退を決する際のたよりとする者である）。」

孫子が「謀攻篇」でいう「**戦（たたか）わずして人（ひと）の兵（へい）を屈（くっ）する**（戦わずして勝つ）」兵法を支えるものこそ「間」だったのです。

＊三軍：天子は六軍，諸侯の大国は三軍を持つとされたが，ここでは単に軍隊のこと。一軍は，1万 2500 人。

＊④の書き下し文（53 ページ）にある「聖」「仁」は，従来のテキストでは，「聖智」「仁義」ですが，この本では銀雀山漢墓出土の竹簡本『孫子』によりました。

おさらい『孫子』クイズ①　解答

＊79 ページ

①　A　②　B　③　A（63 ページ）　④　B（孫子が呉王に仕えるのは，紀元前 514 年。孔子が 37 歳の時。秦始皇帝は，紀元前 259 ～紀元前 210 年）
⑤　A（71 ページ）　⑥　B（28 ページ）　⑦　A（フランス語訳の『孫子』をいつも手元に置いた）　⑧　B（45 ページ）　⑨　A（45 ページ）　⑩　B（54 ページ）
⑪　A（17 ページ）

おさらい『孫子』クイズ②　解答

＊81 ページ

①　B（50 ページ）　②　A（47 ページ）　③　A（12 ページ）　④　B（6 ページ）
⑤　B（33 ページ）　⑥　A（38 ページ）　⑦　B（43 ページ）　⑧　A（22 ページ）
⑨　A（10 ページ）　⑩　B（29 ページ）　⑪　B（26 ページ）　⑫　B（14 ページ）
⑬　A（17 ページ）

暗唱したい孫子の名言ベスト10＋おまけ

＊名言の意味は，（　）内のページをご参照ください。

○兵は国の大事にして，死生の地，存亡の道なり。察せざる可からざるなり。（6ページ）

○戦わずして人の兵を屈するは，善の善なる者なり。（12ページ）

○彼を知り己を知れば，百戦して殆からず。（60ページ）

○先ず勝つ可からざるを為して，以て敵の勝つ可きを待つ。（14ページ）

○凡そ戦は，正を以て合い，奇を以て勝つ。（18ページ）

○迂を以て直と為し，患を以て利と為す。（26ページ）

○敵を一向に幷せて，千里，将を殺す。（46ページ）

＊千里と言う言葉が，孫子の自信のほどを示しています。

○始は処女の如く，後は脱兎の如し。（46ページ）

○亡国は以て復た存す可からず，死者は以て復た生く可からず。（49ページ）

○功を成すこと衆に出ずる所以の者は，先ず知ればなり。（51ページ）

おまけ

我，戦わんと欲せざれば，地に画して之を守ると雖も，敵，我と戦うを得ざるは，其の之く所に乖けばなり。（虚実篇）

＊「私，孫子は，戦いたくないと思えば，地面に線を引くだけで，敵軍が，私の軍を攻めないようにできる。それは，敵軍の前に，攻めてもとうてい利益とは思えないものが現れたかのように思わせるからである。」

おさらい孫子クイズ

おさらい『孫子』クイズ①

『孫子』や『孫子』の作者孫子は謎の多い人物です。実際，『孫子』が呉王に仕えた孫武の著作とされたのは，1972 年に中国の山東省で発見された多くの竹簡によってです。「子」は偉い人への敬称です。 ＊解答は 77 ページ。

では，次のクイズに答えてください。

① 『孫子』の著者孫武（孫子）はどんな人。

A　今から 2500 年ほど前に中国の春秋時代に活躍した兵法家。

B　今から 1800 年ほど前の中国の三国時代に活躍した軍師。

② 孫子は一国の軍師になりました。ではその時の王様は。

A　臥薪嘗胆（がしんしょうたん）で有名な呉王夫差（ごおうふさ）。

B　臥薪嘗胆で有名な呉王夫差の父，闔廬（こうろ）。

③ 孫子が呉王に使える時，実演してみせたことは。

A　女官たちを鍛え，軍隊の行動をみごとにとらせたこと。

B　あっというまに城を落としてみせたので，呉王は驚嘆した。

④ 孫子の活躍した同じころの人物は。

A　秦始皇帝（しんのしこうてい）

B　孔子（こうし）

⑤ 源義家（みなもとのよしいえ）は，『孫子』を学び，見事伏兵（ふくへい）（ひそんでいる兵）がいるのを見抜きました。何によってでしょう。

A　飛ぶ雁の列が乱れるのを見て下に伏兵がいるのを見抜いた。

B　風の方向が突然変わったので，伏兵がいると見抜いた。

⑥　日本の武将で，『孫子』の言葉を旗印にした人物は。

A　織田信長

B　武田信玄

⑦　『孫子』を愛読していたヨーロッパの人物は。

A　フランスのナポレオン

B　ドイツのビスマルク

⑧　『孫子』に出てくる話から生まれた有名な故事成語は。

A　虎穴（こけつ）に入らずんば虎子（こじ）を得ず（大事なものは危険を冒（おか）さなければ得られないこと）

B　呉越同舟（ごえつどうしゅう）（敵同士でも危難に会うと協力しあうこと）

⑨　愛知捜査一課特殊犯罪捜査室（誘拐や立てこもり事件担当）の壁に掛けられている『孫子』の言葉とは。

A　常山之蛇（じょうざんのへび）（完全な協力体制をとること）

B　不撓不屈（ふとうふくつ）（絶対くじけないこと）

⑩　『孫子』の著者孫武（孫子）の子孫に孫臏（そんぴん）（この人も孫子と言われた）という人がいるが，彼の有名な戦術とは。

A　兵士を大河を背にして戦わせた。兵士たちは逃げるところがないので，死に物狂いで迫ってくる敵と戦って勝った（背水（はいすい）の陣（じん））。

B　兵士が煮炊きする竈（かまど）の数を少しずつ減らさせた。逃亡する兵士が多いと見せかけ，追ってくる敵を油断させ，待ち伏せして打ち破った（減竈（げんそう））。

⑪　孫子は，大軍をあたかも小部隊のように戦わせるには「形名」が必要だと言っています。では，「形名」とは何でしょう。

A　信号に使う旗（形：目に見えるもの）と鳴り物（名：耳に聞こえるもの）。

B　戦うための形式的手続きと大義名分（正当な理由）。

おさらい『孫子』クイズ②

孫子は13篇に分かれています。おおよそどんなことが書いてあるのでしょう。正しい方をA，Bから選んでください。順序はばらばらです。＊解答は77ページ。

① 用間篇

A 小間使いの使い方。

B スパイ（間者（かんじゃ））の使い方。

② 火攻篇

A 火攻めの方法。

B 防火の方法。

③ 謀攻篇

A 実際に戦わず，相手を謀略で倒す方法。

B 謀略対謀略の戦いで負けない方法。

④ 計篇

A 戦争の予算の立て方。

B 戦う前に勝敗を計算する方法。

⑤ 行軍篇

A 行軍するときの装備のあり方。

B 敵と遭遇したとき有利な条件で戦う方法。

⑥ 地形篇

A 習得すべき六つの地形での戦い方。

B 正確に地形を把握して地図を書く方法。

⑦　九地篇

A　自国内で戦う際，九つの地区に分けて戦う方法。

B　兵力を九つの地勢（戦争の観点から見た土地のあり方）に応じて動かし使う方法。

⑧　虚実篇

A　相手の弱点（虚）をつくり，そこを攻める方法。

B　虚実入り乱れた情報を相手に送り，混乱させる方法。

⑨　作戦篇

A　費用をむだに使わず，戦争は速戦即決が大事。

B　戦争の前にどのようにして作戦を立てるか。

⑩　九変篇

A　大軍を行軍させる九つの隊列のあり方。

B　千変万化の戦況に対処する九つの戦術。

⑪　軍争篇

A　敵軍より多くの兵士を集める方法。

B　敵軍より早く戦場に着く方法。

⑫　形篇

A　敵にさとられない軍勢の配置のし方。

B　敵軍の外に現れた形を見て弱点を見抜くことの大切さ。

⑬　勢篇

A　大軍をいかに動かし，勢いをつけ，敵を打ち破るか。

B　地形の利害を知って敵に勝利する法。

■編著者紹介
武馬久仁裕
1948 年愛知県生まれ。名古屋大学法学部政治学科卒業，東洋政治思想史専攻。俳人。現代俳句協会理事。東海地区現代俳句協会副会長。日本現代詩歌文学館振興会評議員。船団会員。著書に，『G 町』（弘栄堂），『時代と新表現』（共著，雄山閣），『貘の来る道』（北宋社），『玉門関』『武馬久仁裕句集』（以上，ふらんす堂），『読んで，書いて二倍楽しむ美しい日本語』（編著）『武馬久仁裕散文集　フィレンツェよりの電話』『俳句の不思議，楽しさ，面白さ』『子どもも先生も感動！　健一＆久仁裕の目からうろこの俳句の授業』（共著）『誰でもわかる美しい日本語』（編著）（以上，黎明書房）などがある。

参考文献

・西村豊著『孫子・呉子講義』聚栄堂，1894 年。
・公田連太郎訳・大場彌平講『孫子の兵法』中央公論社，1935 年。
・金谷治訳注『孫子』岩波文庫，2000 年。
・浅野裕一著『孫子』講談社学術文庫，1997 年。
・湯浅邦弘著『孫子・三十六計』角川文庫，2008 年。
・水沢利忠著『史記八（列伝一）』新釈漢文大系 88，明治書院，1990 年。
・杉本圭三郎全訳注『平家物語（七）』講談社学術文庫，1985 年。
・小和田哲男・宇田川武久監修，小林芳春編著『「長篠・設楽原の戦い」鉄炮玉の謎を解く』黎明書房，2017 年。
・守本順一郎著『東洋政治思想史研究』未来社，1967 年。

＊イラスト：なかむら治彦

図書館版　誰でもわかる古典の世界③
誰でもわかる孫子の兵法

2020 年 4 月 1 日　初版発行
編著者　武馬久仁裕
発行者　武馬久仁裕
印　刷　株式会社太洋社
製　本　株式会社澁谷文泉閣

発行所　株式会社　黎明書房
〒 460-0002　名古屋市中区丸の内 3-6-27　EBS ビル
☎ 052-962-3045　FAX 052-951-9065　振替・00880-1-59001
〒 101-0047　東京連絡所・千代田区内神田 1-4-9　松苗ビル 4 階
☎ 03-3268-3470

落丁本・乱丁本はお取替します。
ISBN978-4-654-05683-5